BBC專家
帶你航向太空

從月球、火星到太陽系外，一覽宇宙探險熱區

CONTENTS

CHAPTER 01

宇宙謎團

破解宇宙之謎

人類拍下黑洞的照片、窺見原子的核心，並回顧宇宙的誕生，
但距離了解宇宙與主宰宇宙的定律似乎還早得很。
物理學家和天文學家接下來要繼續研究的就是以下這些問題。

1 宇宙爲什麼從無到有？

依據標準宇宙學概念，最初的開端是「暴脹真空」（inflationary vacuum）。它的能量密度和反斥重力極大，因此開始膨脹。它一開始時越多，斥力越強，膨脹得也越快，而且和所有具備量子特性的事物一樣無法預測。在某些隨機出現的地方，暴脹真空衰變成一般真空，它的巨大能量必須尋找出路，因此形成物質並使其溫度變得極高，最後導致大爆炸。我們的宇宙就是不斷膨脹的暴脹真空中的一次大爆炸。

特別的是，整個過程一開始時的暴脹真

空質量僅僅相當於一包糖，而物理定律（正確說來是量子理論）允許這些物質無中生有。接下來最明顯的問題當然就是：物理定律是怎麼來的？

1918 年，德國數學家埃米‧諾特（Emmy Noether）解開了這個問題，她發現守恆定律其實是空間和時間極度對稱的結果，時間和空間在觀點改變時維持不變。這類對稱有個令人驚奇的特質是它也對稱於空洞，對稱於完全一無所有的宇宙，所以從無到有的改變或許沒有那麼大，可能只是從一無所有變成我們充滿星系的宇宙這個「結構性」的一無所有。但為什麼會發生這樣的改變？美國物理學家維克多‧史坦格（Victor Stenger）指出，水的溫度降低時會變成結構性的水，也就是冰，原因是冰比較穩定。他猜想，會不會是因為結構性的一無所有比較穩定，所以宇宙從一無所有變成「結構性」的一無所有？

2 爲什麼每個星系中央都有個大黑洞？黑洞對我們有影響嗎？

宇宙中大約有兩兆個星系，就我們所知，幾乎每個星系中央都有超大質量黑洞。這些黑洞有的非常大，質量接近太陽的 500 億倍，有的比較小，例如銀河系中央的人馬座 A*（Sagittarius A*），質量只有 430 萬太陽質量。但星系中央為什麼有黑洞，現在仍然是宇宙學的未解之謎。

我們知道黑洞的形成原因是恆星核心內爆導致超新星爆炸，但沒有人知道超大質量黑洞如何形成。宇宙史上的大多數時間，星系中央是大量物質聚集在很小的體積內，超大質量黑洞可能是高密度星團中的黑洞彼此不斷合併的結果。這個理論的可能證據來自重力波研究發現的兩個黑洞的合併事件，這次事件中有一個黑洞太大，不可能是超新星殘骸，因此可能是更早之前合併的結果。

超大質量黑洞的另一種形成方式是高密度氣體雲收縮，可能是由氣體雲塌縮加上黑洞合併。此外，超大質量黑洞也可能是在大霹靂時形成。如此將能以嶄新的方式解答宇宙的「雞生蛋、蛋生雞」問題：究竟是先有星系還是先有超大黑洞？其實不是星系形成之後生成超大黑洞，而是超大黑洞先形成，才提供生成星系所需的種子。

雖然黑洞質量很大，但即使是最大的超大質量黑洞也不比太陽系大。不過這類黑洞可藉由方向相反的超快速物質噴流，把能量噴發到數百萬光年外。這類噴流速度很快的地方（也

就是星系內部）可帶走氣體和阻止恆星形成，而速度較慢的地方（也就是星系外部）則會壓縮氣體和引發恆星形成。事實上，大型黑洞噴出的強力噴流似乎能控制恆星形成時的質量，產生體積較小、溫度較低的恆星，就像太陽一樣。所以我們說不定應該感謝人馬座 A* 為創造太陽助一臂之力，如果沒有它，我們可能根本不存在。

3 質量遠大於恆星和星系的暗物質究竟是什麼？

暗物質不會發光，也可能是由於光線太弱而偵測不到。我們是透過暗物質重力對可見恆星和星系造成的影響，才得知它的存在。舉例來說，如果沒有大量看不見的物質提供額外重力，加快膨脹速度，銀河系應該不可能在大霹靂後的 138.2 億年內吸引這麼多物質，形成其中的恆星。

歐洲太空總署（ESA）的普朗克衛星發現，暗物質大約占宇宙全部質能的 26.8%，一般「原子」物質則只占 4.5%，因此暗物質的質能多達可見恆星和星系的六倍。

有一段很長的時間，暗物質粒子的熱門人選是大質量弱作用粒子（WIMP）。但儘管這類粒子的條件符合，瑞士日內瓦附近的大型強子對撞機卻找不到它。另一個熱門人選是質量極小的假想次原子粒子：軸子（axion）。還有一個比較冷門的可能人選是大霹靂後殘留的原始黑洞。

令人困惑的是，在地球上進行的實驗已經尋找數十年，還沒有發現暗物質的證據。可以理解的是需要修改的並非物質理論，而是重力理論。暗物質也可能不是單一粒子構成的流體，而是類似我們周遭的原子物質的複合體。宇宙中說不定有許多暗恆星、暗行星和暗生物！

4 時間是否存在？

美國理論物理學家約翰・惠勒（John Wheeler）曾經說過，「時間能讓一切暫時停止。」但時間這個概念不大容易捉摸。我們對時間的理解大多不正確，舉例來說，我們認為時間在流動，然而所有事物都相對於其他事物流動，例如河流相對於河岸，那麼時間相對於什麼流動？另一種時間嗎？這個說法似乎有點離奇。最有可能的答案是，時間的流動是我們

的大腦創造的幻覺，用來整理經由感覺而持續湧入的資訊。

此外，我們對於共同過去、現在和未來的感覺很強烈，然而共同現在的概念其實不存在於我們對現實世界的基本描述，也就是相對性。其他人的時間究竟如何劃分，取決於他們相對於我們移動的速度，或是他們承受的重力強度。這些效應必須在相對速度接近光速或處於超強重力下才看得出來，所以在日常生活中很不明顯。儘管如此，從這些效應可以得知，一個人的時間區間和其他人不會相同，一個人的空間區間和其他人也不會相同。

實際上還不只如此。空間和時間彼此錯綜複雜地糾纏在一起，在宇宙中，從大霹靂到宇宙死亡，所有事件都分布在已經存在的四維時空中，沒有任何事物在時間中「移動」。愛因斯坦在朋友米凱雷・貝索（Michele Besso）去世後寫道，「他比我早一點離開這個奇怪的世界，這不代表什麼。我們這些相信物理學的人知道，過去、現在和未來的區別只是揮之不去的幻象」。

如果想像宇宙膨脹像電影倒帶一樣倒過來播放，在最初的時候，時間和空間是分開的。因此物理學家推測，時間可能是在大霹靂時從更基本的東西形成，不過目前還沒有人知道那是什麼。

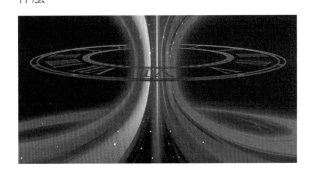

5 暗能量是什麼？

它看不見、充滿所有空間，且其反斥重力使宇宙膨脹得越來越快。1988 年，天文物理學家研究 Ia 超新星時發現了「暗能量」，他們相信當恆星爆炸，會釋出一定能量，並且燃燒時產生一定的光度，就像宇宙中的 100 瓦燈泡一樣。問題是距離最遠的超新星往往十分黯淡，隨著宇宙膨脹速度越來越快，它們也越來越遠。

目前所知唯一作用在全宇宙的力是重力。重力就像一張看不見的網，位於星系之間，減緩宇宙膨脹。宇宙學家發現宇宙膨脹得越來越快時十分驚訝，因此假定有某種物質在全部宇宙質能中占了三分之二。這種「暗能量」超越重力，大約從 50 億年前開始主宰宇宙。

有一種可能解釋為暗能量是宇宙常數，是太空的固有反斥。這類反斥可能源自真空中的量

子能量波動起伏。然而，儘管量子理論在目前最能完整解釋亞微觀世界理論，如果套用在真空上，理論學家預測的能量密度將比暗能量高出許多，比例高達 10 後面加上 120 個 0，可說是科學史上預測和觀察結果間最大的差異。可以想見，科學家把量子理論和愛因斯坦的重力理論結合起來之後，差異總算消失。此外，太空實驗也很有幫助。2022 年，ESA 將發射歐幾里得衛星，這具衛星將測定暗物質如何隨宇宙時間變化，希望能取得重要線索，破解科學史上最大的謎團。

6 我們為什麼找不到外星人存在的跡象？

1950 年，建造史上第一座核子反應器的恩里科·費米（Enrico Fermi）在美國新墨西哥州洛斯阿拉莫斯炸彈實驗室的餐廳裡吃午餐時突然說，「他們在哪裡？」同桌其他同事都知道他在講什麼。

幾十年後，美國物理學家麥可·哈特（Michael Hart）和法蘭克·迪普勒（Frank Tipler）分別研究費米的問題。哈特認為銀河系各處都有外星人，提普勒則認為自我複製機器到達行星系統後，可利用當地資源製造兩個分身，繼續向外探索。他們兩人都斷定，即使以中等速度行進，也應該能在銀河系壽命內造訪所有恆星。就費米所知，外星人應該已經來到地球，但看來並非如此，因此被稱為「費米悖論」。

科學家提出了好幾百種解釋，其中之一是我們是銀河系中第一種智慧生物，沒有其他同伴，還有一種說法是我們是培育世界，可能影響我們發展的先進文明都不准進入。另一個比較通俗的說法是這不算矛盾，原因是外星人過去造訪的跡象都在風吹雨打和地質變動下消失。不過，美國羅徹斯特大學的強納生·卡羅－奈倫貝克博士（Jonathan Carroll-Nellenback）主持的研究團隊提出，可能有一波外星擴張跳過了太陽。

儘管已經用望遠鏡搜尋超過半世紀，現在我們依然不清楚為什麼在銀河系中找不到外星人存在的跡象。然而，美國賓州州立大學的傑森·萊特博士（Jason Wright）主持的研究團隊認為這不難理解，因為我們只搜尋了銀河系的一小部分，就像浴缸裡的水和全球海洋相比一樣。道格拉斯·亞當斯（Douglas Adams）在《銀河便車指南》（*The Hitchhiker's Guide To The Galaxy*）中亦敏銳地觀察到，「太空很大，很難相信它有多遼闊、多龐大、多麼令人難以想像。」

7 自然界的基本建構單元爲什麼有三組？

假設樂高推出新版積木，每塊積木都是標準尺寸的好幾百倍。再假設樂高推出另一個版本的積木，尺寸又增加到幾千倍大。消費者們應該會覺得這家公司瘋了，但自然界中的夸克和輕子等基本建構單元就是這樣。

構成一般物質的粒子只有兩種夸克和兩種輕子，但還有「第二代」的夸克和輕子，這些粒子和第一代完全相同，但質量重了幾百倍，第三代的粒子也完全相同，但重了幾千倍。質量較重的兩個世代形成時需要更大的能量，所以現在很少發現，然而它們在大霹靂中扮演的角色可能相當重要。不過為什麼每個世代粒子的質量相差那麼多？曾經獲得諾貝爾獎的美國物理學家史蒂芬‧溫柏格博士（Steven Weinberg）日前提出有趣的推論。

物質基本建構單元與希格斯場交互作用後形成質量，希格斯場是充滿所有空間的流體，肉眼看不見。我們可以想像這些建構單元和希格

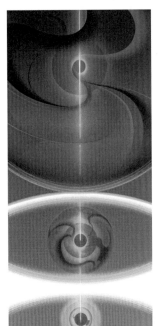

斯粒子交互作用，希格斯粒子是這個能量場中的小型突起。溫柏格指出，與希格斯場交互作用最強烈的粒子，質量與希格斯粒子相仿。這些粒子不是第一代，而是第三代。溫柏格推測，它們可能是唯一和希格斯粒子直接交互作用的粒子。第二代粒子產生質量的原因可能是與另一種尚未發現的粒子交互作用，這種粒子則和希格斯粒子直接交互作用。第一代粒子產生質量的方式可能是和另一種尚未發現的粒子交互作用，這種粒子則與前一種粒子直接交互作用。

這種狀況就像傳話遊戲。請幾個小朋友排成一列，把一句話依序傳下去，這句話最後往往會完全走樣。每一代粒子「感受到」的希格斯場越來越小，質量形成效應也就越來越低。溫柏格不清楚這個機制的詳細過程，但其他物理學家認為這可能是個線索，幫助物理學家破解自然界有三組基本建構單元之謎。

馬可斯‧鍾（Marcus Chown）
天文學作家。

譯者｜甘錫安　自由譯者，專事科普翻譯。

宇宙是否布滿
不可見的暗星？

來自世界各處的神祕發現開啟了一種耐人尋味的可能：
宇宙或許充斥著連最靈敏的儀器都偵測不到的幽靈星體。

　　夕陽西下後仰望天空，熟悉的夜幕中點綴著閃亮的
星星。儘管最近的恆星遠在千萬億公里之外，這些炎
熱熔爐的反應如此激烈，以至於它們的光清晰可見。
大多數人都曾在各種場合裡見過這種景色，因此如果
我們認為所有星星都是這樣發光的，那也無可厚非。
畢竟星星的天職不就是發光嗎？但是，如果近來一系
列的發現是可信的，那麼外太空其實潛藏著一大票截
然不同的星星：隱身於黑暗帷幕中的幽靈星體。這些
透明的、不可見的星體不會發光，意謂著它們悄悄地
藏匿在幽暗的太空中，從來不曾露臉。

XENON1T 實驗是為了偵測暗物質粒子，而他們也的確發現了出乎意料的東西……

天文學家早就懷疑，大部分的宇宙跟尋常的恆星不同，是不可見的。他們觀測星系（例如我們的銀河系）時發現，外圍恆星的移動速度遠超過預期。事實上，它們快到理當被甩進宇宙中去，如果要讓它們留在星系裡，非得有某種東西將它們拉住不可。最廣為人知的解釋是，銀河系中有許多看不見的物質，提供了大量額外的重力。科學家稱這種物質為「暗物質」（dark matter），數量遠多於構成你我的尋常物質，比例超過五比一之譜。

過去幾十年間的主流想法認為，這種太空黏膠是由大質量弱作用粒子（Weakly Interacting Massive Particle，簡稱為 WIMP）構成。物理學家於是進行了史無前例的地毯式搜索，希望能捕捉到它們的蹤影。他們在南極冰層下、在廢棄金礦中、甚至在國際太空站上建立探測器，但到目前為止，所有探索全都一無所獲。諷刺的是，其中一個 WIMP 探測器不久前找到的證據，可能恰好支持了與 WIMP 是競爭對手的暗物質理論，這個理論使不可見星體的存在成為可能。

研究微小的原子

XENON1T 實驗隱藏在義大利格蘭沙索山（Gran Sassomountain）底下 3,600 公尺深

處，是全世界最大的地下研究設施。他們用一個裝有超過三公噸液態氙的巨大圓筒作為 WIMP 捕集裝置，如果一顆 WIMP 撞上圓筒中的原子，原子會被撞開，並釋放出電子和光子（光的粒子）。

然而在 2020 年夏天，XENON1T 研究人員宣布，他們觀察到預期之外的現象：無法以 WIMP 流入通量來解釋的超額電子。根據美國加州大學聖地牙哥分校林同妍博士的看法，有三種可能的解答。頭兩種是太陽來的粒子，或者實驗中的輻射汙染物；第三種解答同時是目前最令人感興趣的一種：進入捕集裝置的是另一種被倡議過的暗物質形式「暗玻色子」（dark boson）。

玻色子是一種傳遞作用力的次原子粒子，例如光子傳遞電磁力。理論認為，暗玻色子可能是暗物質本身，或者至少擔任暗物質與一般物質的交互作用途徑。如果 XENON1T 偵測到的信號通過進一步實驗檢驗（其他較為平淡無奇的解釋可能也因此而被排除），就有可能成為第一個暗玻色子存在的徵兆。

在 XENON1T 的消息發布幾個月後，接著在 2020 年 9 月又出現一個耐人尋味的證據。兩支物理學家組成的研究團隊（分別位於歐洲和美國）用雷射將原子侷限在桌上型捕集裝置中。跟別的原子一樣，這些原子也帶有環繞原子核運行的電子，而電子存在的軌域就稱為能階。來自丹麥奧胡斯大學的麥可·德魯森博士（Michael Drewsen）是歐洲團隊的成員之一，他表示，如果暗玻色子存在，就會產生一種力，使原子發生擾動，「我們會看到電子能階產生微小偏移。」儘管他的團隊並未找到這種偏移，卻被他在美國的同僚發現了。一如以往，科學家總是小心翼翼，無法馬上得出元兇正是暗玻色子的結論。德魯森說，「這有可能是因為他們用了比較重的原子。」歐洲團隊捕集的是鈣原子，美國團隊用的則是鐿（Yb）。不過，如果跟 XENON1T 的實驗結果並列，他們的發現對於倡議「暗玻色子存在」的人來說仍然是一劑強心針，間接證據確實越來越多。

天文學家推動事態進一步發展。如果暗玻色子受重力影響，它們應該像一般物質一樣會聚集成團。「它們會彼此吸引聚集，成為玻色子星。」來自荷蘭拉德堡大學的海特·奧利瓦雷斯（Hector Olivares）說。這種星體與夜空中構成星座的恆星截然不同。首先，如果星體核心沒有核融合反應，星體就不發光，它們會變成透明的。「任何接近它們的物體都能直接穿透它們。」奧利瓦雷斯說道。一般物質與暗物質間缺乏重力以外的作用力，意謂它猶如穿牆的遊魂一般。你坐下去之所以不會跌穿椅子的唯一理由，終究是因為屁股上和座位上的電子彼此電磁力相斥的緣故。

根據奧利瓦雷斯的說法，玻色子星有可能成長到像每個主要星系中心的超大質量黑洞（supermassive black hole，簡稱為 SMBH）這麼大。事實上，他懷疑巨大的玻色子星有可能騙過我們，讓人一開始以為它是 SMBH。

「兩者都缺乏堅硬的表面。」他的意思是指，黑洞是個宇宙暗門，有個落入之後再也出不來的邊界，稱為事件視界（event horizon）。

黑洞與玻色子

奧利瓦雷斯頭一次進行物質落入類黑洞的玻色子星之模擬計算後表示，「我們發現它們和黑洞是有區別的。」這是因為它們缺乏陰影。2019 年天文學家公布了史上第一幅黑洞影像，裡頭有個黑暗區域（也就是陰影），是因為光被黑洞吞噬消失而產生。儘管玻色子星沒有陰影（因為物質會穿透，不會被吞噬），有時候它的外觀卻彷彿有陰影效果，奧利瓦雷斯稱之為「偽陰影」（pseudo-shadow），「在多數情況下我們不會看到偽陰影。如果看得到，也比黑洞陰影來得小。」我們即將利用這個性質，來檢驗銀河系中心的 SMBH 是否其實是顆玻色子巨星。奧利瓦雷斯說，「這是事件視界望遠鏡（Event Horizon Telescope，就是拍攝第一幅黑洞影像的儀器設備）可以辨識出來的。」

而在此時，西班牙聖地牙哥迪孔波斯特拉大學的胡安·卡德隆·布斯蒂歐博士（Juan Calderón Bustillo）或許已經找到兩顆偽裝成黑洞的玻色子星。毀滅性的天體撞擊事件會產生名為「重力波」的漣漪，在宇宙中散播開來，最終抵達地球。這些信號在 2015 年首度被美國的「雷射干涉儀重力波觀測站」

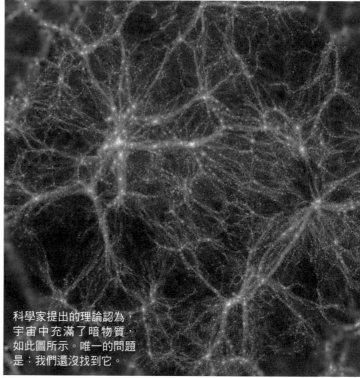

科學家提出的理論認為，宇宙中充滿了暗物質，如此圖所示。唯一的問題是：我們還沒找到它。

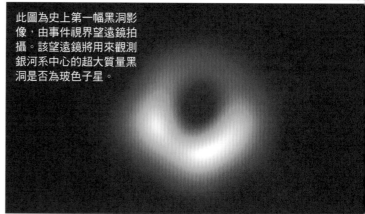

此圖為史上第一幅黑洞影像，由事件視界望遠鏡拍攝。該望遠鏡將用來觀測銀河系中心的超大質量黑洞是否為玻色子星。

（Laser Interferometer Gravitational-Wave Observatory，簡稱為 LIGO）偵測到。到目前為止，我們偵測到的事件大部分是雙黑洞產生的，也就是兩頭重力巨獸環繞彼此旋轉接近，合併之後最終重歸平靜。

這種碰撞過程通常包含三個截然不同的階

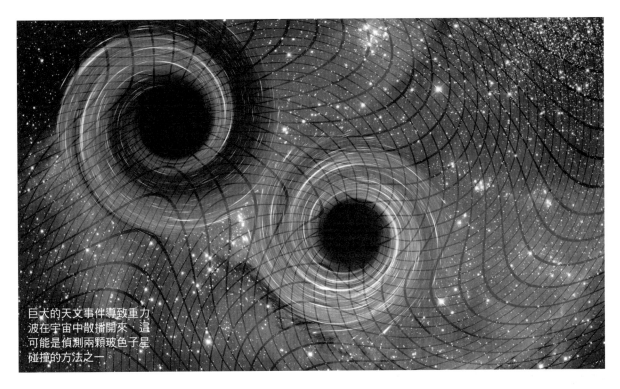

巨大的天文事件導致重力
波在宇宙中散播開來，這
可能是偵測兩顆玻色子星
碰撞的方法之一。

段：旋近（inspiral）、合併（merger）與更大質量黑洞的形成。不過根據布斯蒂歐的見解，有個事件顯得與眾不同，就是GW190521，「我們沒有看到第一個旋近階段，這有可能是個迎頭對撞事件。」到目前為止我們觀測到的其他黑洞合併事件，都是來自兩個已經在環繞彼此旋轉的黑洞。然而，如果是兩個原本沒有關聯的黑洞撞在一起，就能解釋碰撞前缺乏旋近階段的現象。因此，布斯蒂歐做了一番計算，但這個解釋卻行不通，他說明，「重力波信號持續時間比預期還久。」而且合併之後的黑洞也旋轉得比該有的速度還快，然而比起兩個原本就繞著彼此轉圈圈的黑洞，對撞並無法讓轉動提升這麼多。「所以就需要其他解釋了。」他補充道。

布斯蒂歐思索，如果換成兩顆玻色子星對撞，是否能與觀測資料吻合——結果真的可以。根據他的研究，相較於黑洞對撞，玻色子星對撞過程多了一個階段。對撞後形成的巨大玻色子星，會震盪更久才形成黑洞。這個額外的震盪階段或許可以解釋，為什麼觀測到的信號持續時間比預期中兩個黑洞對撞的結果還久。布斯蒂歐還可以用對撞資料來計算構成星體的玻色子質量，他表示，「算出來的數值落在當前由其他實驗得到的質量範圍附近。」換句話說，它符合我們對暗物質的現有想法。

等我們觀測到更多不具有初始旋近階段的對撞重力波之後，才能下最後定論。「我十分期待偵測器可以收到更多這類信號。」布斯蒂歐說。如果它們也可以用玻色子星對撞來解釋，

暗物質可能是哪些東西？

太初黑洞

想像一下相當於地球的質量被壓縮進指甲大小的空間裡。許多宇宙學家相信，這種微小黑洞在早期宇宙中大量生成，它們的重力加總起來產生了暗物質的重力效果。

WIMP（大質量弱作用粒子）

曾經是呼聲最高的暗物質候選粒子，但多年搜尋落空下來，學界已開始將注意力轉移到別處。WIMP 來自一種稱為「超對稱」（supersymmetry）的構想：每種現有的已知粒子（例如電子）都有一個更重的伴隨鏡像粒子。

次 GeV 暗物質

這種粒子跟太初黑洞和 WIMP 不同，它們或許比質子還輕了百萬倍。目前美國費米實驗室裡有個稱為 SENSEI 的新實驗正在嘗試偵測它。

軸子

XENON1T 實驗中發現的超額電子，可能意謂這種暗物質粒子一直從太陽發射出來。軸子起初是粒子物理學家為了要堵住強核力理論的漏洞而構思出來的粒子。

暗玻色子

是主流暗物質候選粒子中最輕的。從陸基原子實驗到黑洞與重力波天文學都表明，它們存在的證據正在不斷增加。它們可能會聚集在一起，形成不可見的玻色子星。

而且每個獨立事件都一致得到同樣的暗玻色子質量，那麼宇宙中存在可透視星體的可能性就更難讓人視而不見。

義大利羅馬大學的康士坦提諾·帕奇里歐博士（Costantino Pacilio）說，有兩個籌備中的實驗或許很快就能加入戰局，幫助我們進一步釐清狀況。第一個是「愛因斯坦望遠鏡」（Einstein Telescope），是個研議中的歐洲陸基型重力波偵測器；第二個是「雷射干涉太空天線」（Laser Interferometer Space Antenna，簡稱為 LISA），它是三顆彼此相距 250 萬公里編隊運行的太空飛行器。帕奇里歐說，「這兩個實驗的靈敏度都比 LIGO 還高，意謂我們對重力波將可以進行更精確、更仔細的判讀。」這是至關重要的，因為每次撞擊的特性都刻劃在重力波的波形中，尤其是兩個碰撞的天體透過重力造成彼此形變的方式，會產生出獨一無二的印記。帕奇里歐說明，「玻色子星是奇特的天體，它們只透過重力和宇宙交互作用，所以這是讓它們現身的唯一途徑。」

當初發明望遠鏡，是為了讓我們將已經可見的東西看得更清楚。不過，幾個世紀後的現在，我們越來越了解，宇宙的內涵遠超過眼睛所見的。或許時機已經成熟了，我們該翻轉對於恆星的想法，並且接受這個事實：潛伏在宇宙中的不可見星體或許有恆星的數量那麼多。

柯林·史都華（Colin Stuart）
天文學作家及講師。免費電子書下載，請造訪：colinstuart.net/ebook
譯者｜戴凡惟 英國德倫大學理論物理學博士，現為科技大學助理教授。

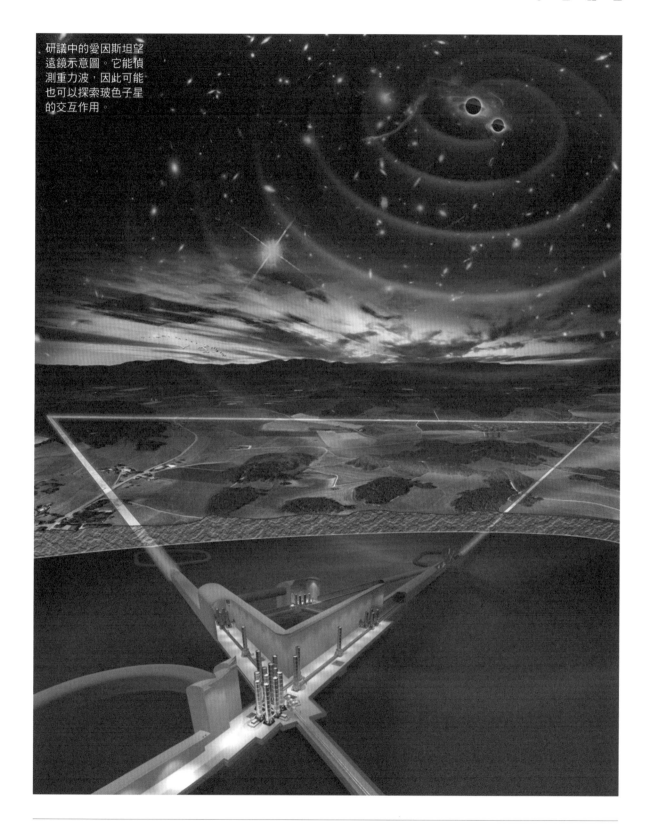

研議中的愛因斯坦望
遠鏡示意圖。它能偵
測重力波，因此可能
也可以探索玻色子星
的交互作用。

最古老的黑洞

太初黑洞可能從大霹靂之後就一直在塑造我們所知的宇宙
人類有機會一窺這顆神祕天體的面貌嗎？

宇宙群星之中，有一群看不見的黑洞穿插其間。它們從宇宙創生時就已經存在，沉默但不算低調地影響宇宙的演變。沒有它們，恆星、行星都不會存在，也不會有生物驚嘆宇宙的奇觀。現在，人類即將擁有發現這些黑洞的工具。

黑洞是天文學中最著名的天體，它的重力極大，一旦過於接近就無法逃出。黑洞大小規模不一，但通常是比太陽大很多的龐然巨物。黑洞通常隱而不現的原因是光無法逃脫，所以我們看不見。但 LIGO 和 VIRGO 等重力波觀測站能偵測到黑洞碰撞產生的訊號，讓我們「看見」黑洞。現在我們懷抱前所未有的信心，篤定這類宇宙陷阱確實存在。

然而有一種黑洞仍然只存在於理論中，而且這種黑洞將可解決存在已久的宇宙之謎。大霹靂發生後，新宇宙的密度立即出現微小的

起伏，某些區域的質量略微高於或低於平均值。在質量高於正常值的地方，物質可能塌縮，形成小型黑洞。這些黑洞存在的時間差不多等於宇宙本身，所以稱為「太初黑洞」（primordial black hole）。

依據理論模型，太初黑洞的可能質量範圍非常大，它可能比睫毛還輕，也可能比恆星還重。目前我們已經可以透過觀測排除某些質量，過濾出太初黑洞有兩個可能的質量範圍或「窗口」。伊朗謝里夫理工大學的天文物理學和宇宙學家索拉布・拉瓦爾教授（Sohrab Rahvar）說，「這兩個窗口是小於一月球質量，以及大於數十太陽質量。」

如果這些隱形的微小黑洞確實存在，它們可能是宇宙中暗物質的一部分或全部。暗物質是一種看不見的物質，天文學家推測它有助於協助維持銀河系或其他星系的存在。這個說法

VIRGO 等重力波觀測站可協助我們尋找太初黑洞發出的訊號。

已經不再流行，但現在再度受到重視，尤其是關於暗物質組成的傳統說法一直沒有結果的情況下。

體積小、力量大

瑞士日內瓦大學博士生蓋布瑞爾．法蘭奇歐里尼（Gabriele Franciolini）關注著暗物質的真面目，同時更詳細地重新建立大霹靂後太初黑洞生成過程的模型，「太初黑洞的數量可能有好幾百倍，可以用來解釋所有暗物質。」不過前提是太初黑洞的質量位於較小的窗口，也就是小於一月球質量，因此其直徑應該小於0.1 公釐，大約和人類的頭髮相仿。

這樣一來，每個太初黑洞都將非常微小，但它們產生的總重力應該足以防止星系瓦解。如果銀河系等星系中充滿具有黏著功能的微小黑洞，那麼這類黑洞應該到處都有。美國哈佛大學理論天文物理學家阿米爾．席拉吉（Amir Siraj）甚至相信太陽系外圍就有個小黑洞。

十幾年以來，天文學家一直對冥王星以外小型天體的運行軌道感到疑惑。它們環繞太陽運行的路徑應該相當紊亂，但其實顯得很有規律，彷彿有某個物體引導它們沿相似的軌道行進。但這個物體究竟是什麼？席拉吉說，「很可能是行星。」這個行星稱為「第九行星」（Planet Nine），應該是從 1846 年海王星列入太陽系以來第一個新發現的行星（冥王星於 1930 年被列入行星，但於 2006 年降級為矮行星）。然而，大規模的持續研究依然找不出這類行星的可見跡象。席拉吉說，「如果直接搜尋一直沒有結果，那麼就有可能是太初黑

有人認為太陽系有第九個行星在引導冥王星之外的小型天體，但有些專家認為這個行星可能是黑洞。

黑洞的四個類別

太初黑洞 （可能質量範圍相當大）

太初黑洞可能從大霹靂形成宇宙時一直留存到現在，但還沒有證實。目前我們已能確定它的質量不在某些範圍內，但宇宙中仍然可能散布著許多微小的黑洞。這類黑洞可以解釋暗物質之謎，也就是宇宙中似乎有某種看不見的黏著物質，防止星系瓦解。

恆星質量黑洞 （5 至 100 太陽質量）

這類是所謂的「一般」黑洞。大多數巨大恆星（質量超過太陽的 30 倍）死亡時會爆炸，成為超新星。恆星的核心向內塌縮，變成無限小且密度極高的點，稱為奇異點（singularity）。奇異點的重力十分強大，只要小於某個距離，任何物質都逃不過它的掌握，這個範圍稱為事件視界（event horizon）。

中間質量黑洞 （100 至 100 萬太陽質量）

數十年來，天文學家對一件事一直感到不解，就是有恆星質量黑洞和超大質量黑洞存在，但質量介於兩者之間的黑洞似乎很少。這點相當奇怪的原因是大型黑洞可能是由較小的黑洞合併形成，而建構鏈中少了一部分。但 2020 年 3 月，哈伯太空望遠鏡可能已經發現一個 50,000 太陽質量的黑洞。

超大質量黑洞 （質量大於 100 萬太陽質量）

這類龐然大物通常位於主要星系中央，是形成星系的種子。位於銀河系中央的超大質量黑洞稱為人馬座 A*，質量大約是太陽的 400 萬倍。但它又比 M87 星系中的超大質量黑洞小得多，這個黑洞重達 70 億太陽質量。

薇拉·魯賓天文台將在 2023 年開始全面運作，應該能在太陽系外圍偵測到太初黑洞存在的徵兆。

洞。」畢竟正如柯南道爾小說中的偵探福爾摩斯之名言，「消去所有不可能的選項之後，剩下的無論多麼離奇，都一定是真相。」

我們知道需要多大的重力來解釋冥王星外所有天體的軌道集中現象。如果這個重力「確實」來自太初黑洞，那麼這個黑洞的直徑大約僅和葡萄柚相仿。它的體積雖然很小，但重量仍然有地球的 10 倍左右。如果事實真是如此，以望遠鏡觀測外太陽系始終一無所獲也就很合理了。

不過，席拉吉認為我們有辦法看見這個黑洞，「黑洞偶爾應該會產生吸積焰（accretion flare）。」換句話說，這個葡萄柚大的天體吞噬經過附近的彗星時，我們應該會看到閃光。這類事件釋出的能量應該相當於第二次世界大

戰末期投在日本的原子彈的數個百分點。

這類閃光或許相當強烈，但出現在太陽系最外圍，到達地球時已經相當黯淡。不過現在有新型望遠鏡即將上線運作，應該可以勝任這項工作。席拉吉說，「這類閃光正好位於薇拉·魯賓天文台（Vera Rubin Observatory）的觀測極限內。它是排除外太陽系有太初黑洞的絕佳工具。」這座天文台應該會於 2023 年底開始進行觀測。

假如確實有太初黑洞存在，那麼它加入太陽系的原因很可能是太陽環繞銀河系中心運行時，與地球一起通過銀河系的地雷區。因為某些原因，這個黑洞停留在太陽系內，但太初黑洞是否可能更進一步，進入內太陽系？」拉瓦爾當然認為有可能，他已經算出太初黑洞在地

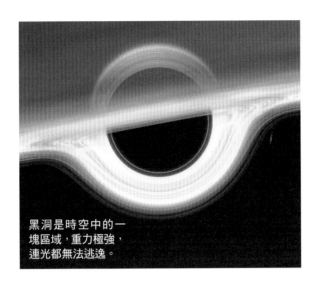

黑洞是時空中的一塊區域，重力極強，連光都無法逃逸。

球 45.4 億年歷史中通過地球的機率，「機率是每 10 億年通過一次。」如果真是如此，太初黑洞已經撞擊地球四次之多。拉瓦爾計算時假設宇宙中所有暗物質都由質量小於月球的太初黑洞組成。即使黑洞只占暗物質的四分之一，地球也已經和太初黑洞碰撞一次，而且可能會再度碰撞。

黑洞你好

地球遭到黑洞撞擊聽起來很恐怖，但其實不一定那麼可怕，畢竟人類現在還存活著。最糟的結果是太初黑洞從此卡在地球核心。拉瓦爾說明，「接著黑洞開始吞噬地球所有物質，越來越大，經過一段時間，地球也會塌縮成黑洞。」還好拉瓦爾的計算結果指出，黑洞卡在地球內部的機率幾乎等於零。比較可能發生的狀況是黑洞直接通過地球，從另一邊穿出，繼續在太空中行進。不過如果黑洞正好穿過我

們，結果可不怎麼美麗。

我們要如何確定黑洞是否真的曾經通過地球？拉瓦爾表示，「黑洞通過地球時，可能使地球內部溫度提高。」這個過程可能在岩石內形成直線狀的熔化痕跡，呈現黑洞的行進路徑。不過拉瓦爾指出，整個地球歷史上最多只出現過四次類似事件，所以這類痕跡應該極難發現。

那麼是否還有其他方法可以證明太初黑洞確實存在？法蘭奇歐里尼認為，答案和我們證明一般黑洞確實存在的方法一樣：重力波。重力波是宇宙中發生事件時造成的宇宙結構起伏，人類於 2015 年首度觀測到這種現象。目前我們偵測到的重力波都來自一般黑洞和中子星等小型天體間的碰撞，至少普遍說法是如此。法蘭奇歐里尼則沒那麼確定，「不少這類事件的起源可能是太初黑洞。」

現在我們來談談質量位於較大的窗口，也就是重達數十太陽質量的太初黑洞。我們已經從「重力透鏡」（gravitational lensing）效應得知，屬於這個質量範圍的太初黑洞在暗物質中所占的比例不可能超過 10%。重力透鏡現象是前方物體（例如黑洞）放大後方物體（例如恆星）的光，如果宇宙中有很多大型太初黑洞，那麼這類事件一定會比現在所知更多，因此最多只有 10%。

依據法蘭奇奧里尼表示，如果大型太初黑洞只占暗物質的 0.1%，那麼它們將會以與一般黑洞相同的速率彼此合併。如果我們已經能觀

如果被太初黑洞打到會怎麼樣？

首先，受害者應該是人類歷史上運氣最差的人。拉瓦爾表示，地球整個45.4億年歷史中，最多只可能被太初黑洞撞擊四次。太初黑洞在我們一生中通過地球的機率已經極低，而要正好通過我們所在的一公尺範圍內更是幾乎不可能。

儘管如此，如果運氣真的那麼差，那感覺應該會相當難受。太初黑洞經過體內的時間只有 10 微秒，但速度高達每秒 160 公里（光速的 0.05％）。黑洞的直徑雖然只有原子的一千倍，但以擁有重力強大著稱。哈佛大學著名理論物理學家阿維·勒布教授（Avi Loeb）表示，這樣足以使我們的身體縮小數公分。黑洞會扭曲它們所在的空間結構，所以我們體內的器官全都會走樣，導致痛苦地死亡。

不過，想像一下，墓碑上可以這麼寫道，「長眠於此，死於被黑洞打到」。

2019 年時偵測到的兩個黑洞互相碰撞的想像圖。

測一般黑洞，就很可能也曾經看過太初黑洞。換句話說，我們已經發現兩個大型太初黑洞的碰撞，並且誤認它們是一般黑洞。法蘭奇奧里尼表示，「我們必須分辨這兩種黑洞，這是最主要的挑戰。」

近來一次重力波事件格外耐人尋味，稱為 GW190521。兩個黑洞在這次事件合併成一個黑洞，質量高達 140 太陽質量，足以歸類為中間質量（intermediate）黑洞。法蘭奇奧里尼表示，要以一般黑洞解釋規模這麼龐大的合併事件比較困難，因此這次事件的原因有可能是太初黑洞，「資料支持太初黑洞存在的說法，但還需要更多資料和理論研究。」

重力波偵測網現在已經建立完成，或許不用等很久就

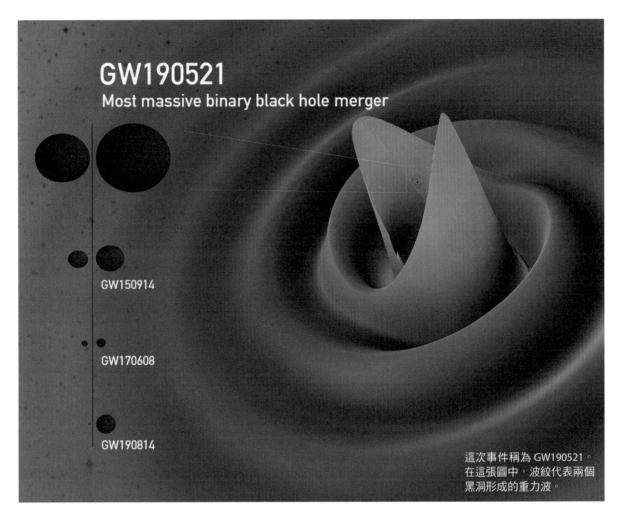

GW190521
Most massive binary black hole merger

GW150914

GW170608

GW190814

這次事件稱為 GW190521。
在這張圖中,波紋代表兩個
黑洞形成的重力波。

會有大量資料出現。歷經新冠肺炎疫情和艾達颶風的延宕後,日本的神岡重力波觀測站(KAGRA)很快就會和 LIGO 和 VIRGO 聯手進行觀測。另外,2020 年代後半印度也將建立新的 LIGO 觀測站。在全球各地四座觀測站的協助下,天文學家將可偵測到太空各處的重力波事件,目前則只能觀測到一半的天空。

新的重力波觀測站應該能探知更多黑洞合併事件,提供更多精確資料。法蘭奇奧里尼等研究人員迫不及待想耙梳這些資料,尋找太初黑洞存在的徵兆。到時我們或許就會知道,這些隱而不現的古老天體是否正沉默地影響宇宙的演變、防止星系瓦解,以及讓人類得以建造重力波觀測站。

柯林・史都華(Colin Stuart)
天文學作家及講師。免費電子書下載,請造訪:colinstuart.net/ebook
譯者 | 甘錫安

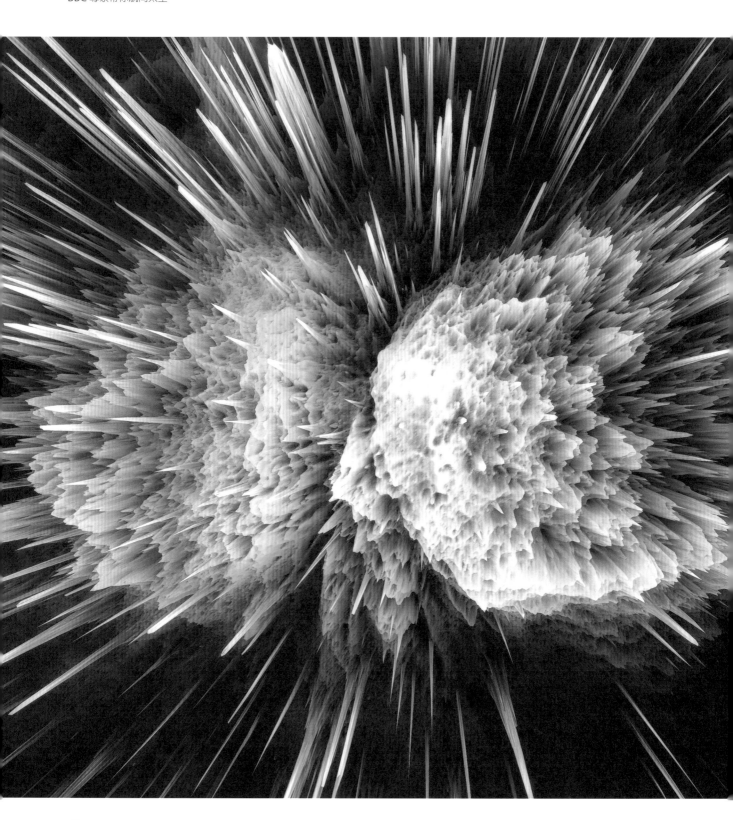

超新星爆炸之光

全宇宙最強大的爆炸能量從何而來？

　　30 光年以外，有一顆恆星爆炸了。幾個月內，它的亮度高達滿月的一萬倍。即使在白天，看起來也彷彿天上多了一個太陽，它放射出的光和熱是太陽的百分之一。

　　好消息是我們不用太擔心，因為這種狀況不會發生；地球上的生物不會經歷這類事件。高光度超新星（superluminous supernovae）的能量高達目前已知所有恆星爆炸的 100 倍，不僅十分罕見，而且似乎發生在與銀河系差別極大的星系中。

　　1931 年，美國加州理工學院帕沙迪納分校的弗里茲・澤維基（Fritz Zwicky）和華爾特・巴德（Walter Baade）提出令人驚訝的恆星爆炸說法，稱為新星（novae）。他們研究的依據是愛德溫・哈伯（Edwin Hubble）在此前八年的發現，哈伯以當時全世界最大的望遠鏡（直徑 2.5 公尺的虎克

天文望遠鏡，位於俯瞰加州理工學院的威爾遜山上）證實神祕的螺旋形星雲其實是星系，也就是與銀河分離、距離遠達數百萬光年的大群恆星。

　　澤維基和巴德發現，這類星系中有時會有恆星爆炸，亮度往往高達一千億個一般恆星。他們知道這樣的爆炸不在銀河系中，而在遠得多的地方，因此斷定這類爆炸屬於另一類，他們稱之為「超新星」，亮度大約是一般新星的一千萬倍。

一閃一閃亮晶晶

　　最近一次亮度大增的幅度不到一千萬倍，但仍然相當亮眼。高光度超新星的亮度大約是 Ia 型超新星的 10 倍，能量來源是被伴星噴出的物質淹沒的白矮星（大小和地球

澤維基（照片中）和巴德於 1930 年代創造
「超新星」一詞。

哈伯使用虎克望遠鏡發現許多光年外的星系，
後來澤維基和巴德於此發現超新星。

相仿的恆星殘骸）爆炸。它的能量大約是 II 型
超新星的 100 倍。II 型超新星是另一種主要類
型的超新星，能量來源是龐大恆星壽命即將結
束時的核心爆炸。

史上第一個高光度超新星發現於 2005 年，
這類超新星於 2011 年確定為另一類恆星爆
炸，主要依據是美國聖地牙哥州立大學羅伯
特・昆比（Robert Quimby）的研究結果。
這類超新星的存在對天文學界是很大的震撼，
英國伯明罕大學馬特・尼可爾博士（Matt
Nicholl）說，「我們以為已經發現了各種恆
星爆炸，怎麼會忽略掉最亮的一種？」

人類直到 21 世紀才注意到高光度超新星，
原因之一是它們極為稀少，只占超新星的萬分
之一。另一個理由是使用望遠鏡搜尋超新星時
往往集中在大型星系：天文學家理所當然地推
測，星系中的恆星越多，出現超新星的機會也

越多。然而大自然的想法可不是這樣，它把高
光度超新星放在矮星系中。尼可爾說明，「等
到擁有廣角視野的全自動望遠鏡（robotic
telescope）問世之後，我們才捕捉到矮星
系，接下來才發現高光度超新星，目前已經找
到大約 100 個。」

究竟是哪種恆星形成如此壯觀的宇宙爆炸？
最重要的線索來自爆炸光譜，也就是隨能量
（或對應頻率）變化的光。天文學家能看出
碳、氧和氖等重元素的光譜特徵，但看不出
氫和氦這兩種最輕的元素。要了解這句話的意
義，必須先了解恆星的演化。

太陽等恆星使氫原子核融合成氦，生成的副
產品是日光。但在質量介於太陽 8 到 25 倍的
恆星中，核心的密度和溫度可能足以使氦融合
成碳，碳融合成氧，氧再融合成氖，如此繼續
反應下去。有時這樣的融合反應會一直進行到

生成鐵，此時無法再產生熱（核心的高熱氣體無法阻止重力將它壓垮，將會立即內爆）。其結果是恆星形成類似洋蔥的結構：最重的元素位於核心，朝外逐漸遞減一直到氦，最後是外地函中的氫。尼可爾說，「爆炸形成高光度超新星的恆星因為某些原因，所有的氫和氦都流失了。」

造成恆星外地函的氫和氦流失的最明顯原因是恆星風。恆星風類似來自太陽的太陽風，但比時速 160 萬公里的太陽風更強。而地函中如果除了氫和氦還有其他重元素，恆星風會更強。不過，高光度超新星前身所在的低質量星

超新星逐個看

高光度

目前只發現約 100 個這類超新星。天文學家們正在研究它的能量究竟從何而來。

Ia 型

源自被伴星噴出物質淹沒的白矮星。高光度超新星的亮度大約是 Ia 型的 10 倍。

Ib 和 Ic 型

Ib 和 Ic 型超新星源自於已經失去氫和氦外地函的恆星核心內爆。

II 型

源自質量為 8 到 50 太陽質量的恆星內爆。高光度超新星的能量大約是 II 型的 100 倍。

某些超新星代表中子星的誕生。中子星源自超巨星核心塌縮。

系缺少這類元素。這基本上是由於這類星系的重力較小，無法留住恆星誕生初期時生成以及一般超新星噴入太空的重元素。

含有氫和氦的恆星地函流失原因還有一個，當恆星位於相當接近的雙星系統中，地函被龐大伴星的重力吸走。尼可爾說，「這似乎是最可能的原因。」

能量何來

最重要的問題還是過程：這類龐大恆星爆炸的能量從何而來？有個顯而易見的答案是它們只是威力更大的一般超新星，而一般超新星的能量來源是重力能。

要了解重力能，可以想像有一塊瓦片從屋頂掉到地上。瓦片的重力位能（來自瓦片在地球重力場中的高度而擁有的能量）轉換成運動、聲音和熱的能量。同樣地，恆星核心爆炸時，就像是無數塊瓦片落下，產生龐大的重力能，並轉換成龐大的熱。不過有趣的是，造成外爆的原因是內爆！

在高光度超新星中，從光譜可以看出有 5 到 20 倍太陽質量的氧噴發出來。相比之下，一般恆星失去氫和氧後形成的 Ic 型超新星噴發的氧是 2 到 4 倍太陽質量。這表示這類恆星只比形成一般超新星的恆星大數倍，因此一般

磁星是磁場極強的中子星，可能是高光度超新星的能量來源。

爆炸不大可能使亮度達到 10 倍之多。要解答高光度超新星為什麼不只是威力較大的一般超新星，關鍵在於一般亮度的超新星其能量來源是爆炸初期生成的鎳-56 和鈷-56 的放射性衰變，所以能維持一個月以上。尼可爾解釋，「不過，要供應能量給高光度超新星，必須有 20 倍太陽質量的這些元素才行。我們雖然看到有 20 倍太陽質量的氧，但沒有發現等量的鎳和鈷。」

高光度超新星的另一個可能發光機制，是以每秒約一萬公里速度在太空中傳播的爆炸波撞擊拱星物質層。拱星物質層是恆星爆炸前噴發的物質，移動速度緩慢。爆炸波速度迅速降

低，使這些物質溫度大幅提高，把動能轉換成大量光和熱。尼可爾說，「問題是，我們在高光度超新星的光譜中沒有看到緩慢移動物質存在的證據。」

因此高光度超新星只剩下最後一個可能的能量來源。當恆星核心縮小，最後成為中子星等密度極大的天體。這類天體質量和太陽相仿，但大小和聖母峰差不多，自轉可能相當快，和花式滑冰選手縮回手臂時旋轉速度會加快的原理同樣是角動量守恆。事實上，這類天體的自轉速度可能高達每秒鐘一千次！尼可爾說明，「這類高速旋轉飛輪的轉動能非常大，如果能轉換成其他能量，供應給高光度超新星綽綽有

餘,而且幸運的是真的可以轉換。」

恆星的核心劇烈內爆時,恆星的磁場將猛烈集中及放大。最後中子星將擁有十分龐大的磁場,這類中子星稱為磁星(magnetar)。磁星的磁場強度往往高達 10^{12}(一兆)到 10^{15}(一千兆)高斯。即使是低點的一兆高斯,強度也比冰箱磁鐵強一千億倍。

但問題是,當磁場越強,與周遭物質的交互作用越多時,會使磁星「煞車」得越快。尼可爾解釋,「要維持超新星的亮度一個月以上,磁場必須小一點。最適合的強度大約是在 10^{13} 到 10^{14} 高斯之間。」

磁星究竟透過什麼機制供應能量給恆星噴出的物質,目前還不清楚,但尼可爾表示有個方法可以證明磁星是不是主要的能量來源。磁星的磁場非常強,將使周圍的真空中出現電子－正子對,而隨後的電子正子對滅(electron-positron annihilation)應該會產生強烈的高能量 γ 射線。尼可爾說,「γ 射線的減少應該和磁星自轉速度降低有密切相關。」

昆比解釋,「我認為磁星模型最有可能是大多數高光度超新星的能量來源。某些超新星代表中子星的誕生,只要從這些大怪獸中取得一小部分能量,就足以造成很大的爆炸。」

回到過去

然而,不是每個人都同意磁星是高光度超新星的能量來源。日本國家天文台的守屋堯表示,「我比較贊成高能量超新星的噴出物質碰撞龐大的拱星物質,超新星的動能大量轉換成放射能的說法。」但他也承認,「使超新星變得如此明亮的機制可能不只一個。」

儘管我們花了將近 20 年才找到 100 個高光度超新星,但 2023 年 10 月薇拉·魯賓天文台啟用後,發現速度很快就會提升。尼可爾說,「我們有望每年發現 1,000 個高光度超新星!」

另一個更讓人興奮的期待是接替哈伯望遠鏡的韋伯太空望遠鏡(JWST),它的反射鏡直徑 6.5 公尺(集光面積是哈伯望遠鏡的 4.5 倍),能偵測到距離更遠的高光度超新星。由於光速是有限的,所以距離更遠代表更久以前的宇宙樣貌。宇宙剛剛誕生時,矮星系還沒有彼此合併形成現在我們看到的銀河系等大星系,所以數量比目前多出許多。此外,這些恆星從大霹靂後還沒有時間合成重元素,所以也缺少這些元素。還有些理論上的理由可以相信,大霹靂後形成的第一代恆星非常龐大,可能超過 100 太陽質量。尼可爾表示,「高光度超新星在宇宙剛誕生時很可能更常見。」

這點帶出一個有趣的可能性。我們血液中的鐵、骨骼裡的鈣、呼吸時充滿肺部的氧,可能都形成於那些生生死死、自己炸成碎片的恆星內部,而地球和太陽這時都尚未誕生。高光度超新星生成的重元素在宇宙中的比例可能相當大,若確實如此,高光度超新星的產物或許就在眼前——只要看看自己就好!

早在兩千年前,中國天文學家就記錄了史上

最早的恆星爆炸，直到 1931 年，天文學家才知道有超級爆炸，2005 年更發現了超超級爆炸。最顯而易見的問題是：宇宙中有沒有我們還不知道但規模更大的恆星爆炸？尼可爾說，「我不會說一定沒有。」昆比解釋，「高光度超新星可能是超新星的極限，至少就局部而言是如此。最重要的例外是假想的成對不穩定（pairinstability）超新星，但可能只存在於早期宇宙。」

成對不穩定超新星可能源自質量介於 130 到 250 太陽質量的恆星，這種超新星內部溫度極高，γ 射線可能生成電子－正子對。這些電子－正子對使熱壓力降低，熱壓力則對抗試圖壓垮核心的重力，因此引發劇烈塌縮，大爆炸把恆星炸成碎片。成對不穩定超新星亮度可能高達高光度超新星的 100 倍，而韋伯太空望遠鏡或許能發現這類超新星。昆比說，「我的工作是搜尋特殊爆炸，我總覺得宇宙中還有更多驚奇有待發現。」

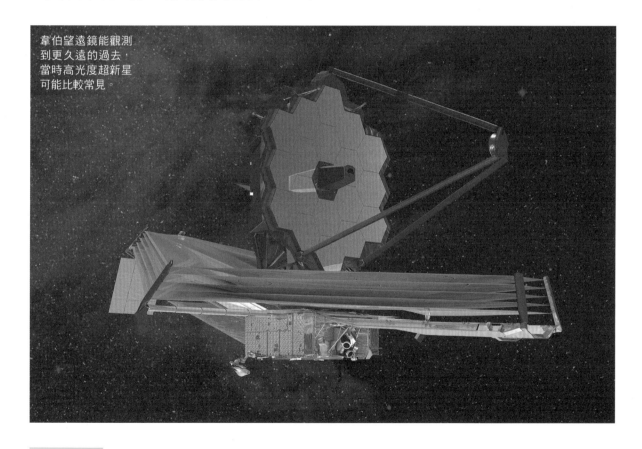

韋伯望遠鏡能觀測到更久遠的過去，當時高光度超新星可能比較常見。

馬可斯·鍾（Marcus Chown）
天文學作家。
譯者｜甘錫安

宇宙有邊緣嗎？

如果我們所說的「宇宙」是指「存在的一切」，那麼宇宙顯然沒有邊緣。如果我們認為有邊緣，那它就沒有包含一切！但很多人經常用稍微不同的方式問這個問題，先假設它有個邊緣，他們會問，「如果宇宙在膨脹，那會膨脹成什麼樣子？」然而，這就是誤解了「膨脹宇宙」的含義。

1915 年，愛因斯坦提出一個革命性的重力理論，取代了牛頓的理論，並在 1916 年，把這個理論應用到他所知道最大的重力質量來源：宇宙。愛因斯坦的理論顯示（發現這件事的是其他人，不是愛因斯坦本人），宇宙不可能是靜止的，而且一定在動，要嘛在膨脹，不然就是在收縮。事實上，美國天文學家艾德

這張天體圖顯示出 110 億年的宇宙歷史，離地球最近的星系用紫色和藍色表示，離地球最遠的星系用黃色和紅色表示。

溫·哈伯 1929 年發現，在大霹靂這場大爆炸結束後，星系像宇宙砲彈碎片一樣飛散開來。

從本質上說，這就是宇宙膨脹的含義：星系間的距離在變大。愛因斯坦的理論很容易描述一個永無止境、沒有邊緣的宇宙，或是一個像更高維的圓球表面一樣往後彎向自己，因此也沒有邊緣的宇宙。當我們用望遠鏡觀看得夠遠而在宇宙兩側觀測到相同的星系時，後面這種情況就會得到證實。

當然，有些人會說宇宙實際上是有邊緣的，它在 138.2 億年前的大霹靂中誕生，因此我們所能看到的，只有發出的星光是在 138.2 億年以內到達地球的大約兩兆個星系。這些星系位於以地球為中心的空間球體中，稱為「可觀測宇宙」（observable Universe），由於宇宙剛形成的一瞬間「膨脹」得遠比光速快，所以可觀測宇宙的直徑其實約有 920 億光年寬。

可觀測宇宙有個邊界，稱為「宇宙視界」（cosmic horizon），就像海上的地平線一樣。正如我們知道地平線外還有海洋，宇宙視界之外也有許多（可能是無限多個）星系，它們發出的光只是還沒來得及到達地球。

宇宙的膨脹是從 138.2 億年前大霹靂（左端）發生後開始的，儘管重力試圖讓膨脹放慢速度（橘色箭頭），但因為有暗能量（黑色箭頭）的緣故，至今仍在加速膨脹。

馬可斯·鍾（Marcus Chown）
天文學作家。

譯者｜畢馨云　清華大學數學系畢，現專事翻譯。

超大質量黑洞成因可能是暗物質暈塌縮

每個星系中央可能都有超大質量黑洞（SMBH），目前的理論認為這類宇宙巨物的質量高達太陽的數百萬倍，需要長期吸入周圍物質，所以成長比較緩慢。然而一定還有其他事情發生，因為現在已經觀測到數個早在宇宙誕生初期就已存在的 SMBH。美國加州大學物理學家認為，處於初期階段的種子黑洞可能是由星系周圍的暗物質暈（dark matter halo）塌縮所形成。

加州大學物理學副教授余海波（Hai-Bo Yu，音譯）說，「物理學家一直不解早期宇宙裡為何會有 SMBH，這些黑洞位於暗物質暈的中央區域，在短時間內質量增加到非常大，像是體重高達 90 公斤的五歲小孩，與常見狀況有明顯的差異。以黑洞而言，物理學家對種子黑洞的質量和成長速率都有籠統概念。SMBH 的存在代表這些概念已經過時，需要新的想法。」

依據余的理論，這個暗物質暈起初是重力把暗物質粒子越拉越近而形成。暗物質暈持續形成時，把粒子向內拉的重力和把粒子向外推的壓力開始對抗。如果暗物質粒子無法交互作用，溫度就可能升高，提高內部壓力，使暗物質暈無法塌縮。但若能交互作用，產生的熱就會散布到所有粒子，最後使暗物質暈塌縮並形成種子黑洞。這個種子可能吸入周圍的氣體和恆星等重子物質（可見），使質量變得更大。

「種子黑洞的質量可能相當大，因為它的成因是暗物質暈塌縮，因此能在很短的時間內變成 SMBH。」余表示，「許多星系的中央區域主要是恆星和氣體，因此我們想知道重子物質的存在對塌縮過程有什麼影響。我們已經證明它會使塌縮提早開始，這個特徵正好可以解釋早期宇宙為何出現 SMBH。」（甘錫安譯）

超大質量黑洞藉著吸入周圍所有物質，變得非常巨大。

CHAPTER 02

逛逛地球旁邊

美國佛羅里達州
甘迺迪太空中心

SpaceX
完成指標性
飛行任務

　　2020 年 5 月是航太技術史上一個輝煌分界
點，從設計、建造到發射太空船一手包辦，
SpaceX 成為首家運載太空人前往國際太空
站的私人企業，為私人太空飛行開拓了新未
來。（高英哲譯）

1 天龍號太空船和獵鷹九號火箭在甲板區準備發射升空，
　左側是兩具從上次任務回收的獵鷹九號推進器。SpaceX
　是第一個將推進器在發射後回收使用，而非拋棄在海中
　的機構。

2 太空人包伯・班肯（Bob Behnken）與道格・赫利（Doug
　Hurley）身著 SpaceX 設計的新款太空裝，從美國航太總
　署（NASA）的操作測試大樓步出，走向發射台。

3 天龍號搭載於可重複使用的 SpaceX 獵鷹九號火箭上，
　在 2020 年 5 月 30 日於美國佛羅里達州卡納維拉角發射
　升空。

4 升空後 2 分 40 秒，獵鷹九號火箭從天龍號太空船脫離，
　落回地球，並點燃其推進器，安全降落在位於大西洋等
　待的自動化無人船上。

5 班肯與赫利在太空站上跟其他人共同工作生活，直到四
　個月後天龍號再度駛離站體，把他們載回地球。當時 ISS
　上三位既有住戶包括 NASA 太空人克里斯・卡西迪（Chris
　Cassidy）、俄羅斯宇航員安納托利・伊凡尼辛（Anatoly
　Ivanishin）以及伊凡・瓦格納（Ivan Vagner）。

6 經過 19 個小時的旅程後，天龍號透過完全自動化的接駁
　系統，與 ISS 站體對接。

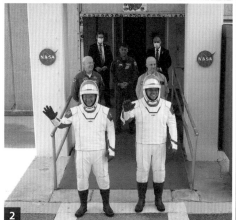

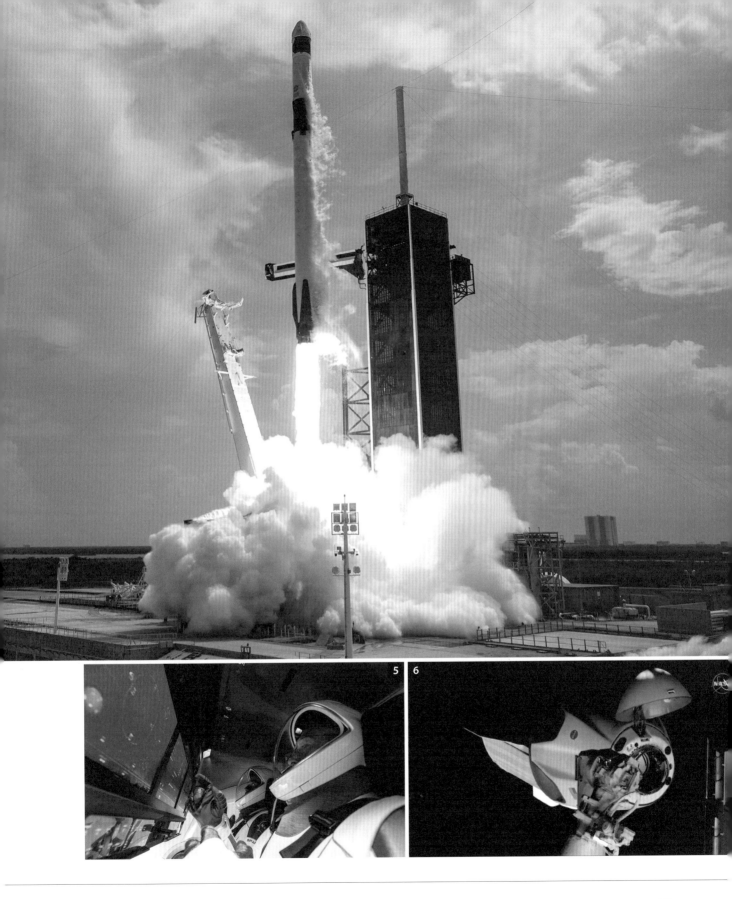

私人太空旅行
前景如何？

在過去，國家級的太空中心負責建造發射太空船，把人送上太空。
近來私人公司 SpaceX 則幾度把美國太空人和平民送到國際太空站和繞地球軌道，
讓太空專家蓋瑞・馬丁來聊聊往後的私人太空旅行新時代。

我們日後探索太空的方式會有多大的改變？

我們正在開啟人類探索的全新階段，想盡辦法離開這個星球，真正展開我們在科幻小說中讀到的事情。SpaceX 的發射任務雖然仍由政府出資，卻是非常大的改變。這是我生涯中一直在等待的。以前只有政府才有那種經費，有辦法承擔責任，而且實際上獲准進入太空，探索這片疆界。如今我們有一家商業公司，證明了自己有能力載太空人上太空，進入低軌道。

這會打開哪些可能性？

已經有幾家私人太空站公司比如 Axiom Space 和畢格羅航太公司（Bigelow Aerospace），這兩家公司都在開發國際太空站模組，但到目前為止都沒辦法上國際太空站，因為還必須說服政府賣船位給你。可是各國政府有其他的優先事務，而且船位珍貴，一票難求。現在 SpaceX 可以賣給你一趟私人太空站之旅，而且所有這些國家如果都準備去月球，就會有一些公司有興趣提供環繞月球的通訊，提供資源、燃料、水和電力。在未來幾十年，會有各種現在所授權的經濟可能性。這非常令人興奮，日後

SpaceX 的「星艦」，
可載 100 人上月球。

我們回想起這個里程碑，會說，
「一切就是從這個時候開始的，
這是真正起飛的時候。」

對於私人太空旅行開展了太陽系的探索，你有什麼看法？

網際網路剛開始的時候，你絕對想不到它此刻在整個世界中扮演的角色，我認為太空也會變得像這個樣子。那麼會怎麼開始呢？我想，這絕對是政府要做的工作。NASA 大筆投資了 SpaceX，才讓這家公司有能力載人上太空。現在 SpaceX 可以攤銷這筆投資，讓任何付了錢的人搭便車。差別就在這裡，政府根本不會有這種能力，不會變成一項營業活動，但 SpaceX 是私人公司，具備在太空中做私人事務的動機。

我們在盧森堡研究了可在太空中賺錢的門路，這麼說吧，從地球上拿東西到太空中使用，是非常昂貴的，所以如果假設各國政府準備上月球，那麼你需要的一

切現代生活設施，就必須在某個階段在太空中完成。在月球基地，你會想要到處做科學研究、探險或觀光，但也會想在晚上喝杯啤酒、吃點披薩，想要一個舒適安全的房間。這一切的素材、用品和構想，都得由商業界人士構築出來，因此在某個階段，也許是大約 20 年後，商機實際上是無限的。一旦人在月球上站住腳了，下一步就會是前往火星。我們將學習怎麼安全過活，學習如何在太空中做出東西，有很多東西要學，而學習這些事物也有大量商機。

你估計全世界有多少公司正在打造發射器，不管是供人類使用的，還是較小型的機器人飛行器？

我每天會讀一些剪報，努力了解最新進展，我可以告訴你，每個星期都有一個新型發射器系統被提出來。

世界上許多國家都有發射器系統，當中大多數是把設備發射到低軌道的系統。可以載人的國家有中國、俄羅斯和美國，印度正朝這種能力努力發展。在商業任務中，只有 SpaceX 把人送上軌道，此外還有少數幾家美國公司也在發展相關技能，如藍色起源（Blue Origin）、內華達山脈（Sierra Nevada）和波音公司。目前有能力的公司仍屈指可數，但在出現很多進展，大家隨即搶進市場之前，你不會期望看到很多公司投入。想想看，如果你是個國家，比方說某個很有錢的中東國家，幾

年之後你只需要買下一個私人太空站，再向 SpaceX 購買船票前往，就能理所當然地進入太空時代。這樣一來，你的國家就從本來沒有載人太空飛行，走向擁有自己的太空站。因為你可以用買的。

SpaceX 有一些相當瘋狂的計畫，包括有傳聞說這家公司把星艦（Starship）設計列為優先，目標是要載 100 人到月球或火星。我們應該多認真看待這些計畫？

如果你去看看系列電影《星際大戰》（Star Wars）和《星艦奇航記》（Star Trek），不管這些有新意的作家想像出什麼樣的未來，都會帶給現實世界裡的工程師某些目標，而有些部分會實現。所以就某方面來說，SpaceX 的執行長伊隆．馬斯克（Elon Musk）是在立下憧憬，而和我一樣的工程師都想做讓人興奮的事情。因此，100 人是否很快就會上火星？這可能會、也可能不會發生。但有許多工程師與許多人，想窮一生之力做出令人振奮、與眾不同，而且過去沒人做過的事。所以說，馬斯克激勵了一些很出色的人，這些人已經展示出他們能夠在太空中做的精采絕倫之事，而他讓他們的創造力有所發揮。

蓋瑞．馬丁（Gary Martin）
太空專家，NASA 艾姆斯研究中心夥伴關係主任。
譯者｜畢馨云

飛往太空是什麼感覺？

一起來聽聽飛行員的感想。

無論你我對於億萬富翁的太空競賽有何看法，大家都會想問：上太空到底是什麼感覺？夠資格回答的人不多，維珍銀河（Virgin Galactic）首席飛行員戴夫‧馬凱（Dave Mackay）正是其一，他曾是英國皇家空軍試飛員，2021 年 7 月駕駛團結號（VSS Unity）飛往地球與太空交界處，是他個人第三度飛入低空地球軌道。

太空飛機在高空中離開母艦並點燃火箭助推器是什麼感覺？

飛機這時真正運作起來了。後方沒有助推的感覺，但飛機會達到極高的加速度，大約 3g 縱向加速度。這可能很難想像，一切很平順，聲音也不大，畢竟我們速度快得將許多聲音都拋在後頭。大約八秒鐘時會進入超音速狀態，速度超過三馬赫。最後，我們會垂直拉起，直直向上衝，這時的加速度還是快得不可思議，但一

維珍銀河公司的首席飛行員馬凱。

切非常平順。接下來就進入失重狀態。

談談你看過最美的風景？

機艙側面和上方都設有機窗。我們覺得機身上下顛倒時的景色最美了，往下是漸行漸遠的地球，往側面則是深沉濃黑的太空。另外還看得到環繞地球那薄薄一圈的大氣層，美極了。

上太空改變了你嗎？

這件事很有趣。非常多人問過這個問題，我第一反應通常是，「才怪，我還是同一個人啊。」但仔細一想，或許真的有。那是種經過好幾天、好幾週，甚至好幾個月才會慢慢浮現的領悟，領悟到自己成就了什麼事情，並且親眼見證了何等景色。但上太空後的第一反應很簡單，就是「哇哦」而已。

可以描述一下太空嗎？

說來奇怪，但太空看起來比暗還要暗，暗得幽黑深沉，相較起來，地球真的非常非常明亮。這種橫跨明與暗的景色實在太過驚人，我想沒有相機可以捕捉那一瞬間的震撼。在明暗之間是美麗的大氣層，看起來相當精巧，其中有著豐富的層次與色彩，但也稀薄得令人憂慮。我記得自己當時看著大氣層心想，「哇，這就是讓人類能在地球上生存的大氣層嗎？」

有沒有機會好好欣賞美景？

這份工作的內容大多很硬，必須在短時間內蒐集大量資訊，效率越高越好。每次試飛的成本都很昂貴，而且得花上數週、數月甚至數年來規劃與籌備。我們天天都得進飛行模擬器，有時一天兩次，總拚了命想把工作做到最好。

不過，我們一旦離開大氣層，帶著太空飛機來到預定高度，身體會有一段時間感受不到重力。飛機自顧自地做著事，四周沒有動作、沒有重力，而且因為沒有風扇或任何設備運作，所以也聽不到任何聲音。要是一切運作正常，也就是 100 次中有 99.9 次會出現的情況，那麼確實有幾秒鐘可以往機窗外看看。

返回大氣層的感覺如何？

起初外頭一片靜謐，接著會聽到某種噪音，據說那是一個個空氣分子撞擊機腹的聲音。隨著我們加速墜落，大氣層變得越來越厚，聲音也越來越強，幾乎像是有一道瀑布在沖刷機腹。我很喜歡這種感覺，這表示我們剛剛造訪了一處與眾不同的地方。機身會些微晃動，還有一點高速振動感，但整體很舒適。到了高度約 24,384 公尺的地方，我們會再度回到次音速；到了 15,240 公尺處，則會降下兩側機翼上的機羽，在沒有引擎的情況下流暢滑翔。

太空旅行對人類有什麼好處？

乘客本身的體驗當然會很震撼，我想對他們的心智也會產生深遠的影響，因為我們見過舉目無物的幽深太空，更能欣賞、珍惜如此獨樹於宇宙一隅的地球。

太空中還可以進行許多極具價值的科學實驗。我們最近才飛往太空進行實驗，而且每次實驗僅間隔六週，這在過去是不可能的任務。另一項好處則是這有點像我童年的「阿波羅時刻」，當時我看著阿波羅號順利登陸月球，那一瞬間既激勵了我，也鼓舞了世界各地數不盡的人。我希望這些太空旅行也能鼓勵下一代的年輕人投身工程或科學領域。（吳侑達譯）

一探維珍銀河太空飛機
的駕駛艙內部。

太空漫步六小時，在國際太空站安裝新的太陽能發電模組

2021年，NASA 和 ESA 的兩名太空人在國際太空站（ISS）安裝六組新的太陽能發電模組中的第一組。這項任務是 ISS 太陽能發電容量提升計畫的第一步，目的是因應未來需求，包括 NASA 規劃中的阿提米絲（Artemis）太空人登月計畫，預計將於 2023 年展開。

原本的發電模組有些已經使用 20 年，開始有老化跡象。這六個新的模組會直接安裝在現有模組上，發電容量大致相同，但尺寸只有一半。完全安裝好之後，這些模組將可為 ISS 提供電力到 2030 年。（甘錫安譯）

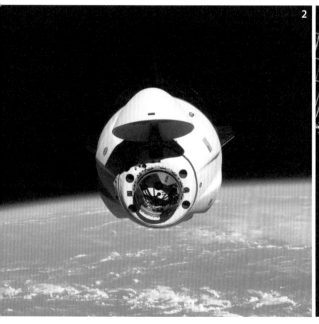

1　工程師在美國加州戈利塔可部署太空系統公司的廠房裡製作太陽能發電模組，每個模組長 19 公尺、寬 6 公尺。模組使用的太陽能電池由位於 160 公里外希爾馬（Sylmar）的公司生產，是目前太空中效能最佳的產品。

2　任務指揮官夏恩・金布洛（Shane Kimbrough）、駕駛員梅根・麥克阿瑟（Megan McArthur）、任務專員星出彰彥（Akihiko Hoshide）和湯瑪斯・裴斯奎（Thomas Pesquet）於 2021 年 4 月乘坐 SpaceX 的載人天龍奮進號（Crew Dragon Endeavour）太空船前往 ISS，準備進行這次安裝工作。

3　太空站的舊發電模組像手風琴一樣可以折疊和展開，新的模組則像毛毯般，從圓柱形容器中拉出。

4　NASA 的金布洛和 ESA 的裴斯奎在太空站外待了 6 小時 28 分鐘，慢慢展開新模組並放置到定位。這是金布洛第八次太空漫步，裴斯奎則是第四次，這也是他們的第四次合作。

5　其餘的發電模組則稍晚由 ISS 太空人安裝。

如何解決太空垃圾？

失控火箭撞擊月球的新聞聽來驚心動魄，
但英國專家表示，為數高達幾百萬的
小型太空碎片才是真正的危險。

　　2022年1月，伊隆·馬斯克的SpaceX公司再度
登上新聞標題：一段屬於該公司的大型火箭推進器
可能撞擊月球。

　　這塊四處漂流的太空垃圾已經環繞地球運
行七年，發現者是美國天文學家比爾·葛瑞
（Bill Gray）。他當時判斷這塊垃圾是鷹隼九號
（Falcon 9）火箭的上段，2015年於美國佛羅里
達州發射升空，燃料用罄後一直停留在「混沌軌
道」（chaotic orbit）上。

　　葛瑞公開這個消息後不久，一群美國亞利桑納
大學太空領域認知實驗室的學生最終確定這個最
具威脅性的廢棄太空物體是屬於2014年中國國家

航天局發射的嫦娥五號 T1 火箭。不過，中國外交部發言人向記者表示這項消息不正確，因為嫦娥五號 T1 火箭已經安全進入地球大氣後燒毀了。

這具火箭已於 2022 年 3 月 5 日撞擊月球表面。但我們是否應該擔憂它可能造成的損害？英國華威大學剛成立的太空領域認知中心主持人唐・波拉科教授（Don Pollacco）認為不需要擔心，「這沒什麼大不了。月球其實是阿波羅太空船等許多東西的現成棄置場。第一節和第二節火箭大多沒有四處漂流，而是墜毀在月球上。」

對研究地球軌道物體的人而言，這不僅不是什麼大事，而且沒什麼好驚訝的。波拉科說，「某幾條軌道是專門用來放置助推火箭。現在還有大約 50 個深太空探測留下的物體，而且沒有追蹤紀錄。太空很大，但偶爾會發生這類狀況。」

收拾垃圾

太空領域認知中心成立於 2021 年 9 月，主要研究太空殘骸對衛星等繞地軌道科技產物的潛在威脅。他們特別注意那些位於低地球軌道、也就是高度低於 2,000 公里的物體。波拉科表示，更大的威脅不是火箭等物體撞擊月球，而是尺寸小得多的碎片。

依據 ESA 最新的統計資料，目前地球軌道上大約有 8,000 個正常與停止運作的衛星。相

太空垃圾有多少？

9,800 公噸	地球軌道上的太空物體總質量
30,040 個	太空監測網定期追蹤的碎片數量

以統計模型估計在軌道上的物體數量

36,500 個	直徑超過 10 公分的物體數量
100 萬個	直徑 1 到 10 公分的物體數量
1.3 億個	直徑 0.1 到 1 公分的物體數量

較之下，位於同一空間的太空碎片多達 1.3 億個，由此可知這個問題的嚴重程度。此外，除了其中約 3.6 萬個碎片以外，其他的碎片直徑都小於 10 公分，十分難以追蹤，原因是目前位置測定值的誤差仍然高達數公里。

「低地球軌道上的物體大多以雷達追蹤。這種方式其實具有歷史因素，因為我們在英國菲林代爾皇家空軍基地（RAF Fylingdales）有原本用來觀測飛彈的大型軍用雷達，它們可以用來觀測數百公里外的物體，但效果不算很好。」波拉科解釋，「當物體尺寸小於太空船時，就很難持續掌握位置。尺寸小到只有 10 公分的物體數量必須藉助模型才能推測其數

撞擊月球的火箭很有可能
來自中國航天局。

量,而這些數字沒有經過觀測驗證,所以狀況其實相當嚴重。有些軌道的碰撞機率已經相當高。我們可以說『狀況不會改善』。」這些小碎片以時速超過 2.8 萬公里(比步槍子彈快 10 倍)高速行進,如果擊中太空船,可能造成嚴重損壞。

不僅如此,除非我們採取行動改變現狀,否則引發凱斯勒事件的風險將越來越高。凱斯勒事件是 NASA 科學家唐納‧凱斯勒(Donald Kessler)於 1970 年代首先提出的災難理論,指出衛星會遭到一群太空垃圾撞擊後形成數百個小碎片,接著再撞擊其他行星,形成骨牌效應。火箭升空時可能極度危險,甚至無法發射。

波拉科表示,「現在還不算太晚。但我擔心的是要等到載人太空船遭到撞擊,人們才會認真看待這件事。我們現在就能趁還沒有發生嚴重事故時解決這個問題,不過必須十分小心,因為如果我們不早點採取行動,一定會發生凱斯勒事件。」

那我們有什麼選擇?「我認為應該依據《外太空條約》(Outer Space Treaty)採取行動,包括讓衛星脫離軌道、發射衛星時支付費用,讓政府或公司著手清除軌道上的老舊太空船。」波拉科如此說明,「至於其他無法脫離軌道的物體,我們必須知道它們的位置,所以需要更可靠的測量方法,避免每個碎片都有數公里的誤差範圍。」(甘錫安譯)

CHAPTER 03

到月球走走

目 的 地

月球

距離地球
384,400
公里

只有24個人曾經
去過月球,最後
一批人是1972年
的阿波羅17號機
組員。這數字在
未來幾年內會有
所增長。

再訪月球

**未來幾年將會看到月球探險家呈爆炸性成長，
不過他們到達月球後，是要尋找什麼東西呢？**

當我們在太陽系裡四處探尋時，距離最近的宇宙鄰居月球，卻被擱置了將近 40 年。這點在中國的嫦娥三號登月車於 2013 年登陸月球表面後有所轉變，人們自此對於月球的興趣暴增，NASA、中國，甚至私人公司，都在競相回到月球，規劃了數十個無人與載人執行的任務。月球表面在未來十年內，勢必會變得熱鬧許多，不過這一次我們會留在那裡不走了。

「我們知道月球蘊藏一些對於太空探索有用的潛在資源。」英國倫敦大學伯貝克學院行星科學教授伊恩‧克羅佛（Ian Crawford）說，「尤其是被困在月球兩極，非常黑暗的撞擊坑陰影裡的水冰。」

月球的自轉軸不像地球這樣以大角度傾斜，因此當你位於月球赤道時，太陽總是會在你頭上。但若你位於月球兩極，那麼太陽就永遠在地平線附近，給你身邊的撞擊坑拉出永久的長長陰影，那些數十億年以來都未受太陽照射的撞擊坑，裡頭溫度低到足以讓水冰存在，這正是吸引眾人興趣之處。

繼續前行的關鍵

「對於太空探索而言，水是極為有用的一種物質，就人類探險活動而言更是如此。」克羅佛說，「水是生命必需品，但也可以分解成氧跟氫，結合起來就是很好用的火箭推進燃料。」雖然行星地質學家發現月球含有水冰的跡象已經有好幾年，但在印度的月球探測器月船一號（Chandrayaan-1）搭載的 NASA 月球礦物測繪儀（Moon Mineralogy Mapper）對此進行詳盡分析後，有水存在的確鑿證據在 2018 年才首度出爐。

雖然我們在地球上有非常多的水，但它很重，每立方公尺的水就重達 1,000 公斤，把它

中國嫦娥三號登月車及其搭載的玉兔號月球車，於 2013 年 12 月 14 日著陸月球，這是近 40 年來首度有來自地球的太空船登月。

NASA 的月球礦物測繪儀在 2018 年時，偵測到月球兩極附近含有水礦藏（藍色部分）。

發射升空進入太空需要非常巨大的能量。倘若我們能改採另一種方式，在地球重力引力未及之處收集水，就可以在月球及更遠之處，推動規模更大、更具野心的計畫。克羅佛說，「如果我們要進行人類太空探險計畫，月球就是個顯而易見的起步點。」

雖然在月球兩極似乎都有水，不過大多集中在南極。有一塊叫做南極－艾托肯盆地（South Pole-Aitken Basin）的區域，是月球上最大的撞擊坑，也是好幾個大型儲冰處所在。然而這些冰是以什麼樣的形式存在，目前還不清楚。克羅佛解釋，「目前還在初步探勘階段，我們不知道是否應該要調查那些大塊的冰，或是只要調查混在月球土壤中，那些微米大小的微小冰粒就好。」

NASA 正在規劃任務，要在 2023 年把揮發物調查極地探測車（VIPER）送到艾托肯盆地。探測車抵達那裡之後，就會開進其中一個撞擊坑的陰影內，調查坑內表面的冰，並且用鑽頭探勘表面下方兩公尺深的地方。

科學家對於水也格外有興趣。由於這些水已經數百萬年，有時候甚至數十億年都未受擾動，這讓行星地質學家有個一窺過去的窗口。「月球非常古老，又缺少地質活動，這意味著它是某種岩質行星演化過程的博物館，其岩石留存著月球成形之後不久，最初期的演化紀錄。」克羅佛說道。冰也可充當檔案庫，詳實記載水是如何由彗星與小行星帶到月球上的。由於彗星與小行星也會把水帶來地球，這點可讓我們對於地球歷史更加了解。

NASA 正在研發 VIPER 登月車，以探索靠近月球南極的撞擊坑，檢查它在月球表面及其下找到的任何冰。

地點、地點、地點⋯⋯

　　雖然有許多任務是逐水而動，並且探索兩極區域，但這並不是沒有挑戰性。直到目前為止，大多數的月球任務都是在有陽光照射的赤道附近著陸，在此太陽能板能夠輕易為登陸艇提供動力。當你前往某個永保黑暗的地方，要如何維持動力就棘手多了。

　　有些像是 VIPER 之類的初期任務，會使用充電電池，以提供在陰影處短暫逗留所需的動力，不過時間更長的任務就需要多想想要怎麼做。若未來的太空人打算開採月球的冰，就需要一個永久性的基地，而那需要一個非常特定的地點才能成功。

　　「在月球上能夠找到的最佳地點，將是一處永遠陰影籠罩的有水區域，又靠近一直有光照射，幾乎整年都陽光普照，可為太陽能板供電的山峰，以及一個提供遮蔽的洞穴。」

任職於負責把 VIPER 運送到月球的 NASA 承包商 Astrobotic 的約翰·索恩頓（John Thornton）說，「洞穴可提供一個很不錯的地下溫暖環境。倘若我們能找到這樣的地點，毫無疑問地就會在那裡出現人類聚落。」

一旦找到地點，接下來就是要興建基地。起初可能是用從地球運送過來的結構搭建基地，不過發射載具的重量與大小限制，會侷限能夠送來的東西，因此最好能夠就地取材。幸好月球上到處都是建材，有幾項計畫打算採集由微型隕石粉碎月球岩石所製造出來的細緻塵埃風化層，做為 3D 列印結構的素材。

就長期而言，有可能從月球岩石裡提煉出鐵與鈦。我們需要蓋一座提煉廠來進行處理，若是能夠在地球重力未及之處取得這些金屬，就能夠讓我們建造更大型的建物與太空船。1994 年 1 月發射升空的克萊門汀號（The Clementine），在古代熔岩形成的黑暗區域月球海附近，偵測到最高濃度的鐵與鈦。錦上添花的是，這些礦石大多是氧化物，所以副產品還能夠生成氧。

不過並非所有潛在的月球資源都易於提煉。根據估計，月球表面含有 10 億公噸的氦 -3，這是種潛在的燃料來源，但是提煉氦 -3 需要一座能夠每秒開採數百公噸風化層的巨大工業園區，即使在最具有野心的情況下，這事在數百年內也難以實現。

誰擁有月球？

對於新土地進行毫無法治的殖民，在史上鮮少有什麼好下場。雖然月球上沒有會被傷害的原住民或環境，不過當前的太空法律狀態，可能會讓未來的月球殖民者陷入災難。

現今唯一一條管理太空的國際法，源自於 1967 年在聯合國監督下擬定的《外太空條約》，裡頭聲明沒有任何政府可以聲稱擁有月球，卻未能預見私人公司可能也會想要插旗。沒有人討論過若有兩派人馬想要在同一個地點設置基地該怎麼辦，而且一扯到採礦，挖礦的人是否能夠實際聲稱他們擁有提煉出來的資源，也有很大一片灰色地帶。

需要加以保護的，可不只是月球上的原物料資源。月球上面的水對於行星地質學家來說極為重要，然而其中無可取代的紀錄卻很容易遭到破壞。「許多與月球水起源有關的問題，需要精準的進行採樣與冷藏，送返地球再進行詳盡的化學分析。」月球與行星研究所的茱莉·史托帕博士（Julie Stopar）說，「雖然科學界與產業界可以合作研究月球上的水，但他們的目標經常大相逕庭。科學家想要知道的是少量水與土壤的化學成分，產業界則想要處理大量的水冰或含水土壤，對於微量化學特徵毫不在意。」

科幻小說可能預測到在月球表面上，會建立起一個高科技的烏托邦，但現實會不會更接近西部電影，礦工將互相爭奪首選的水資源礦藏？到時便知。

亟待協作

像這樣野心勃勃的計畫，沒有人能夠獨力進行。目前美國與中國兩大超級強權，正在努力要把人類送上月球。雖然美國法律禁止雙方協作，不過他們都向其他國家尋求協助，以達成各自的目標。克羅佛說，「月球探索可以成為國際合作的重要焦點，我認為以當今國際政治氛圍而言，這點尤具吸引力。」

儘管直到 2003 年中國才首度將太空人送入太空，不過其太空計畫卻大有進展。嫦娥系列無人月球任務獲得了巨大成功，並且在 2019 年的嫦娥四號任務中，首度降落在月球背面；中國計畫在預定於 2023 年發射升空的嫦娥六

月球採礦作業面臨許多挑戰，最重要的是誰擁有這些提煉出來的原物料。

號任務中，把第一批在月球南極採集的樣本送回地球。嫦娥四號任務攜帶著荷蘭、瑞典與德國的儀器，並且歐洲太空人已經跟中國太空人連袂進行了好幾次訓練。雖然中國方面對於他們的計畫詳情保密，不過倒是明言這些任務是登月的前導任務。

具有數十年經驗可借鑒的美國，在這方面的努力就顯得比較成熟。他們當前的計畫聚焦在「門戶」（Gateway）月球太空站，這座太空站將充當前往月球表面，可能也會成為前往火星或更遙遠之處的任務中途站。日本、加拿大，以及歐洲太空總署皆已簽約，同意協助建造部分太空站，期望有朝一日能夠把自己的太空人送上月球。月球門戶的第一部分預計在 2023 年升空，並且在 2026 年開始運轉；NASA 也已在規劃阿提米絲（Artemis）計畫，預計於 2024 年把第一位女性送上月球表面。

這些野心亦有助於促進另一個在過去十年間，蓬勃發展的太空探索分支：私人企業。為了鼓勵太空產業成長，NASA 設立了商業月球運載服務方案（Commercial Lunar Payload Services Initiative），要這些公司把 NASA 的科學儀器運送到月球上。「NASA 打算在未來 8 到 10 年間，每年至少購買兩趟載貨到月球的任務。」索恩頓說，「這是例行常態性月球運輸任務商業化的第一步。」這樣做除了讓 NASA 省下很多錢以外，也為那些預算少很多的人創造機會。

Astrobotic 將於 2022 年末，把承載十幾

月球基地能用可膨脹結構
建造起來，再覆上一層用
3D 列印風化層製成的外
殼，為居住者遮蔽輻射。

件 NASA 儀器的游隼號登月車（Peregrine lander）送上月球，但它還有空間能夠以每公斤 120 萬美元的價格，運送其他計畫的儀器。這金額聽起來好像很多，不過就太空飛行來說，已經是大特價了。「我們有廣泛的顧客群，即使這只是我們第一趟任務。」索恩頓這樣說，他看到各大學、公司，甚至私人大戶都搶著要上車。「我們有個來自英國的承載物，其實只是個要在月球表面上頭趴趴走，很有趣的小小行走登月車。」

除了 Astrobotic 以外，還有許多其他公司都在準備前往月球表面。雖然他們都尚未成功登月，但是可不缺等著要搭車的乘客。月球表面即將變得比以往都更為熱鬧。

伊琪·皮爾森（Ezzy Pearson）
《BBC Sky At Night》新聞編輯。

譯者｜高英哲　英國約克大學經濟學碩士，台灣大學科學教育發展中心長期合作譯者。

太空探險能夠做到對環境友善嗎？

火箭發射升空會在短短幾分鐘內把非常大量的燃料燒掉，因此通常是任何太空任務裡，對環境造成最多傷害的階段。比方說，SpaceX的獵鷹九號運載火箭會燒掉 112 噸的火箭燃料，排放出大約 336 噸的二氧化碳，這相當於開著一台普通汽車環遊世界 70 圈的排放量。除了溫室氣體以外，火箭引擎還會排放氯、粉塵粒子，以及會摧毀臭氧層的氧化鋁。隨著商業太空飛行問世，這些議題變得越來越迫切。2020 年一共有 114 次太空任務發射，但是未來可能會每年高達 1,000 次。

若要推動較為環保的太空旅行，研發可永續經營燃料是當務之急。目前的太空船使用的燃料五花八門，不過大多是化石燃料。私人太空飛行公司藍色起源（Blue Origin）的「新雪帕推進模組」（New Shepard Propulsion Module）所使用的液態氫與液態氧燃料，是一個可能比較環保的選項。利用太陽能把水分解成氧跟氫分子，就可以永續地取得氫。

2019 年，NASA 的綠色推進劑輸注任務（GPIM），實地測試了可作為聯胺（許多種火箭燃料裡都含有的有毒成分）替代品，編號為 AF-M315E 的推進劑，希望能夠以此綠色替代品做為未來任務的燃料。

可重複使用的火箭能夠減少與太空飛行有關的某些廢棄物。推進器、燃料槽以及其他部件在傳統上會被當成消耗品，不過，控制它們

返回地球的方案開啟了新的可能性。獵鷹九號運載火箭的大部分部件，都可以重複使用高達 100 次。

真正對環境友善的太空旅行，仍然有一段路要走。不過我們已經具備許多所需科技，可以開始減少太空旅行對於地球的衝擊。（高英哲譯）

3、2、1……
發射升空

　　照片中的火箭是 NASA 的新型太空發射系統火箭（SLS），是 NASA 最強大的運載火箭，專為運送人類、貨物與機器人設備上月球及其他地方所設計。SLS 的頂上是獵戶座（Orion）太空船，它的建造以深太空探索為考量，能夠把四位太空人送到遙遠的行星，讓他們平安執行任務並重返地球。

　　現在，在太空船與上月球之間只差一系列的測試以及「溼式預演」（在測試過程中將液體推進劑成分如液氧、液氫等裝入火箭）。它將標誌著阿提米絲計畫下的許多任務正式展開，帶我們重返月球。

　　NASA 計畫在「太空探索新時代」中，於月球表面建起大本營，還要在月球軌道上建造門戶前哨站。而阿提米絲也將是人類前往火星探索的墊腳石。（畢馨云譯）

通往月球的門戶太空站

如果一切按計畫進行，NASA 的太空發射系統火箭會在 2022 年從美國佛羅里達州卡納維爾角發射升空，進行首飛。高度足足有 111.25 公尺的巨型太空發射系統火箭，準備在上半年或甚至可能要到夏天才會發射，而在進行測試任務時，它將把無人太空艙送到月球背面然後返回。這趟試飛稱為阿提米絲一號（Artemis 1）計畫。

目前定於 2024 年 5 月發射的阿提米絲二號（Artemis 2）任務，會比照阿提米絲一號，但這次會載一組太空人飛行。他們在環繞月球一圈的旅程中，會比以往的太空人更深入太空。接下來就是重頭戲：阿提米絲三號（Artemis 3），它將載著下一批太空人登陸月球。

在這些預算超高的任務之間，會進行一系列其他發射，確保這些太空人在到達月球軌道完成任務時都萬事俱備。阿提米絲計畫若要達到長遠的成功，關鍵絕對是門戶月球太空站。

「門戶」會是一個繞行月球的多組件太空站，充當前往月球表面的站點，提供遠距離觀測月球的軌道平台，還供應分析月球岩石和進行其他科學研究的實驗室。這是美國、10 個歐洲國家、加拿大與日本之間的國際成就。

這些事情聽起來或許像是科幻小說，但非常真實，而且非常非常酷……

科學

門戶將成為月球太空人的臨時住所和工作場所。初步探索月球期間，太空人會在門戶太空站生活長達三個月，偶爾前往月球表面進行科學研究，或測試在月表建立永久基地的設備。

已經受託進行的月球門戶實驗包括由 ESA 提供的輻射偵測器，以及太空氣象儀器組。前者會幫忙確定怎麼讓太空人避開可能在太空中遭遇到的有害輻射量，而後者能測量太陽在日冕巨量噴發（coronal mass ejection）期間釋放的粒子強度。

重點將會放在開發就地資源利用技術，這是指利用月球上能找到的資源以製造太空人需要的物品，舉例來說，水、氧氣、火箭燃料及建築材料都可以從月球上或月表下的原料中開採或製造出來。

組件

門戶太空站大到無法用單一火箭運載發射，因此它將會有幾個組件，在一系列發射後放置在月球周圍。

核心是美國馬薩爾太空科技公司開發中的動力與推進元件（PPE）。這項組件使用太陽能板來發電，也可以用太陽能電力推進元件（或離子發動機）把電力轉換為推進力，讓太空站移動到不同軌道。居住與後勤前哨（HALO）組件由美國諾格創新系統公司供應，這是供太空人居住的第一個組件，包括載人獵戶座太空船的靠接艙口。這兩個組件將組成可行的初始站，NASA 會把它們固定在一起，並排定於 2024 年 11 月由 SpaceX 獵鷹重型火箭運載升空。

這會是阿提米絲三號登月任務的月球門戶配置，但很快就會加入 ESA 供應的組件。首先是歐洲加油、基本架構及電信系統（ESPRIT）。第一部分是太空站的月球通訊系統，這是從第一天起就不可或缺的零組件，因此目前正在提前製造，隨後會連接到 HALO 組件上，在 2024 年發射升空。第二部分將包含額外的燃油箱、有窗的居住通道和靠接艙口，排定在 2027 年發射升空。

此外，義大利會提供國際居住艙（I-HAB），它將包含由日本供應的維生系統。而加拿大此刻在製造 8.5 公尺長的機械手臂，類似於他們提供給國際太空站和太空梭計畫的機械手臂。

HALO 組件由諾格公司供應。

月球門戶

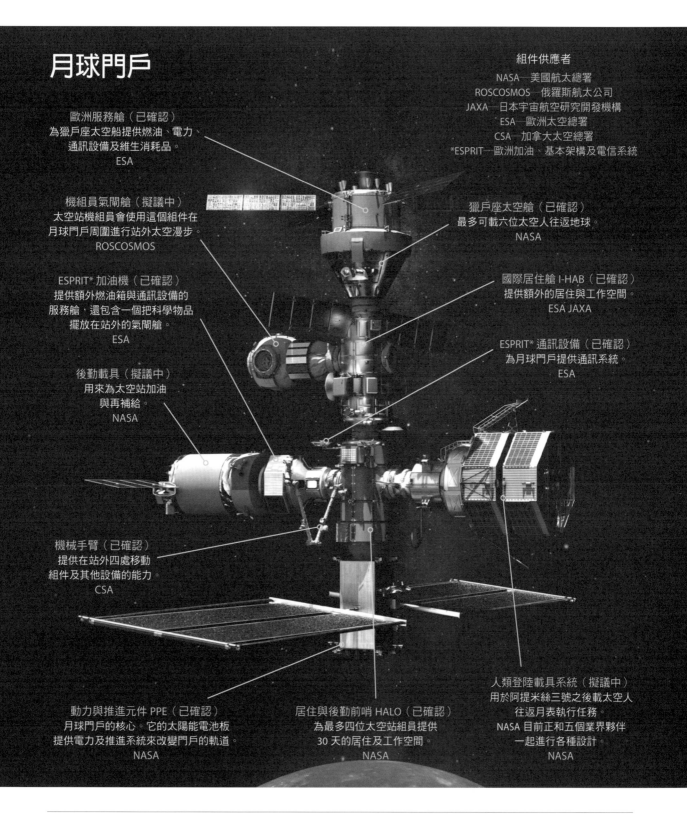

組件供應者
NASA—美國航太總署
ROSCOSMOS—俄羅斯航空公司
JAXA—日本宇宙航空研究開發機構
ESA—歐洲太空總署
CSA—加拿大太空總署
*ESPRIT—歐洲加油、基本架構及電信系統

歐洲服務艙（已確認）
為獵戶座太空船提供燃油、電力、
通訊設備及維生消耗品。
ESA

機組員氣閘艙（擬議中）
太空站機組員會使用這個組件在
月球門戶周圍進行站外太空漫步。
ROSCOSMOS

ESPRIT* 加油機（已確認）
提供額外燃油箱與通訊設備的
服務艙，還包含一個把科學物品
擺放在站外的氣閘艙。
ESA

後勤載具（擬議中）
用來為太空站加油
與再補給。
NASA

機械手臂（已確認）
提供在站外四處移動
組件及其他設備的能力。
CSA

獵戶座太空艙（已確認）
最多可載六位太空人往返地球。
NASA

國際居住艙 I-HAB（已確認）
提供額外的居住與工作空間。
ESA JAXA

ESPRIT* 通訊設備（已確認）
為月球門戶提供通訊系統。
ESA

人類登陸載具系統（擬議中）
用於阿提米絲三號之後載太空人
往返月表執行任務。
NASA 目前正和五個業界夥伴
一起進行各種設計。
NASA

動力與推進元件 PPE（已確認）
月球門戶的核心。它的太陽能電池板
提供電力及推進系統來改變門戶的軌道。
NASA

居住與後勤前哨 HALO（已確認）
為最多四位太空站組員提供
30 天的居住及工作空間。
NASA

太空船

在 NASA 載具裝配大樓進行組裝的太空發射系統火箭。

如果沒法把太空人送過去，空有一個繞行月球的太空站也沒用，這就是獵戶座太空船多用途人員載具的功用。機組人員艙是 NASA 透過美國洛克希德馬丁公司提供，最多可容納六位太空人，但太空船的核心是載人太空艙後方的歐洲服務艙（ESM），目前是由歐洲空中巴士公司提供；ESM 提供了太空人生活所需的每樣東西。

第一個 ESM 放在太空發射系統火箭的頂部，為阿提米絲一號任務準備。第二個已經運送到佛州，與載人太空艙接合，這將是阿提米絲二號任務中第一艘載人的獵戶座太空船。克里弗和同事正著手進行 ESM 3，它會把太空人帶到門戶太空站，接著他們再降落到月表。阿提米絲三號的太空人將搭乘 SpaceX 星艦穿梭往返月表，在那之後，NASA 會開始發展較小型的登月艇，用來執行更多往返月表的例行任務。

太空衣

針對阿提米絲登月計畫的太空衣，必須提升到全新的等級。如果把太空衣當成穿在身上的柔韌飛行器，就會對製作的複雜度更有概念。

NASA 目前在設計艙外探索機動套裝（xEMU）。太空衣機動性的大問題在於內部氣壓，當太空人彎曲手臂或腿時，會壓縮材料，讓太空衣內部的體積減少，導致氣壓增加，太空人的動作就會受阻。在關節處使用軸承而不是可壓縮的織物，有助於解決這個問題。阿姆斯壯（Neil Armstrong）和艾德林（Buzz Aldrin）在 1969 年登月時穿的太空衣，只有在手臂上使用軸承，而 xEMU 太空衣將在手臂、腰部、臀部、大腿和踝關節處都使用軸承，還能讓太空人改變內部氣壓以便活動。

這些革新應該會帶給太空人更大的彈性和更舒服的工作環境。

NASA 工程師克莉絲汀戴維斯（Kristine Davis）在 2019 年的揭幕儀式上穿著 xEMU 太空裝

希望門戶太空站能讓人類研究並運用月球表面的資源。

未來

門戶太空站於真正能夠在月球表面發展出勢力方面有戰略上的作用,因為它將提供穩定又安全的行動基地,從這裡再逐步發展賦予月球永久基地生命的設備和基礎設施。

NASA 在 2021 年 11 月證實,除了阿提米絲三號登月計畫,他們正在制定一項可持續的計畫,預計再前往月表至少十次。另外,火星也在招手。這就是獵戶座太空船被稱為多用途人員載具的原因:表示它除了「只」

往返月球外尚另有他用。

由於遠遠脫離地球磁場的保護範圍,月球門戶也讓我們有機會全面評估深太空輻射對太空人健康的影響。前往火星的深太空巡航時間至少會有九個月,因此了解這一點對人類前往火星格外重要。

總之,月球門戶對將來所有的太空探索都是不可或缺的。它不是只讓我們重返月球,歷史或許會在回顧時把它視為讓人類探索整個太陽系的門戶。

史都華‧克拉克(Stuart Clark)
天文學家兼記者,天文物理學博士。

譯者 | 畢馨云

位置

月球門戶將沿著大橢圓路徑繞行月球,這條路徑會經過月球南北兩極的上空,繞軌道運行一圈需要將近七天。在最遠點,它將離月球七萬公里,然後靠近至 3,000 公里以下。

這條軌道讓載具更方便在月球極區登陸,尤其是目前認為富含積冰的南極。它還讓太空站與地球之間可能有非常好的通訊,因為這代表門戶很少在地球的視線中被遮蔽。

帶動物上太空

數以千計的太空旅行者正處於人工休眠狀態，一起安睡在即將登陸月球的太空船上，但事情有點不對勁，這艘太空船的電腦啟動一連串的命令，不小心關掉了引擎。太空船奔向月球表面，它的乘客們靜靜躺著，一動不動，毫無知覺。撞擊力道強大，塵土飛揚。然而，牠們可能存活下來了。那艘在劫難逃的太空船上的生物，是種微小、俗稱「水熊蟲」的緩步動物，能夠忍受極端溫度、壓力甚至輻射等嚴酷環境。如果牠們真的生還，就實現了某項非常特別的成就。幾乎從來沒有哪種動物離地球這麼遠。

根據拱門任務基金會（Arch Mission Foundation）的說法，2019 年發生的糟糕著陸未必悲慘到讓水熊蟲消滅的地步。拱門任務基金會是決定把水熊蟲送上太空的非營利組織，他們把這些生物固定在月球登陸器中的一疊光碟片上，光碟片裡儲存了與人類文明有關的資訊，但基金會發言人道格·弗里曼（Doug Freeman）說，除非人類或機器人能夠調查墜毀地點，否則多年後我們可能還是無法確定狀況。他補充，「光碟片損毀的可能性其實不大。」

關鍵是，水熊蟲處於脫水狀態，這會讓牠們的新陳代謝暫停。理論上，如果這些生物倖免於難，且完好無傷，就有可能在墜毀多年後甦醒。這項稱為創世記（Beresheet）的任務，是以色列的首次登月任務。就我們所知，還沒有其他動物在月球表面待那麼久。

移居月球殖民地

很久以前，許多人認為月球上有很多生物居住，就像地球一樣。有個古老的民間信仰中說到，山鷸這種很少見的地面築巢鳥，會在月球表面度過夏天，因為牠們總是在 11 月的第一個滿月時遷徙返回。還有人認為月球上的動物一定是地球上的動物的 15 倍大，其中一位就是古希臘哲學家菲洛勞斯（Philolaus），出於某種原因，他還辯稱牠們不會排便。

如今我們對月球景觀的看法截然不同了，一般都認為月球上多少有些貧瘠，但這個情況也許會改變。隨著人類在月球上建立起前哨、基地或研究站，我們可能就會把別的生命形式（及生活在我們身上和體內的微生物）一起帶去，換句話說，水熊蟲很快就會有同伴了。從提供食物，到充當我們的玩伴，動物在人類最後的疆界上可能會扮演很重要的角色，而當我們探索太陽系及太陽系以外的地方，可能還會找到造福或保護地球的新方法。

法國海洋開發研究所（IFREMER）的研究員席利·薛比瓦（Cyrille Przybyla）說，

「我的看法是我們不能獨自進入太空。我們必須把自己的環境帶在身邊。」薛比瓦是少數相信未來的人類太空飛行將以植物、動物和其他生物為主的研究人員，他提到 1972 年的科幻電影《無聲無息》（Silent Running），片中那些裝有如溫室般圓頂的巨型太空船，在地球上的森林幾乎絕跡的未來時代，保存了大量的動植物物種。他認為，這部電影所講的故事並不是很令人信服，但把這麼多生物一起帶進太空的構想，就很有說服力，「我的憧憬很接近這部糟糕的電影。」

月球孵化計畫（Lunar Hatch Programme）是薛比瓦目前的計畫，與魚卵有關。他和同事做了一系列的實驗，把鱸魚的魚卵搖動、振動並加速到最大的程度，然後觀察承受過這種粗暴虐待的魚卵還會不會孵化出仔魚。他們的目的是模擬火箭發射與太空飛行的作用，有些最新的實驗利用旋轉得飛快的機器，讓魚卵承受高達 5G 的加速度（這些實驗的結果還沒有經過同儕評閱）。他們使用單獨的機器，讓魚卵承受模擬的微重力，就像它們將來在月球旅行中可能會承受到的。

倘若魚卵能夠承受太空飛行過程中的壓力，那麼可以想見，有朝一日我們可把魚卵運送到某個未來的月球基地，然後利用從月球表面下取回的水，在某個水產養殖系統中孵化。薛比瓦認為，魚可能是月球居民的蛋白質重要來源，也是讓他們想起必須把開胃食物留在地球上的東西。

目前有一些計畫在測試植物在太空中生長得如何，正如這張插圖所示。

飛魚

到目前為止，魚卵似乎足夠勇健，可以熬過飛往月球途中的物理作用力。但薛比瓦說，下一步是讓牠們暴露在輻射中，看看這會不會降低孵化率。他相當有把握這些魚卵會存活下來，如果熬過了，這可能要歸功於演化上的韌性。薛比瓦指出，30 多億年前地球上演化出第一批水生生物時，大氣還很稀薄，甚至可能沒有大氣，所以這些早期生物受到的宇宙輻射，也許比今天的陸生物種更多。

若月球孵化計畫仍有可能成功，說不定會在未來幾十年中納入 ESA 的月球村（Moon Village）計畫，而可能為月球養魚場鋪路。不過，沒有任何保證。目前大約有 300 個爭取納入「月球村」計畫的提案，而這只是其中之一。

薛比瓦說，他之所以決定集中心力在魚身上，部分原因是牠們是相對來說比較小的動

國際太空站上的太空人
正在採收感恩節要吃的
羽衣甘藍和萵苣。

物,不會製造過多的二氧化碳。由於空間會很有限,環境又必須保持乾淨和安全,因此不得不在效率極高的月球基地處理或循環利用廢物。澳洲大學和國際太空大學(International Space University)在 2020 年做了一份報告,該報告的作者就認為,基於同樣的理由,昆蟲有朝一日也可以納入月球農場。他們寫道,「比起地球上的傳統肉類蛋白質來源,昆蟲農場需要的空間相對較小,用水量也比較少。」接著提議了具體的候選名單,如蟋蟀、蠶蛹或棕櫚象鼻蟲幼蟲。

ESA 維生暨自然科學儀器規畫處的克里斯托夫‧拉瑟博士(Christophe Lasseur)認為,就連這些動物的小小環境足跡,都會讓月球飼養的構想成為問題,至少在不久的將來仍困難重重,「動物會消耗氧氣,製造二氧化碳……還有糞便。我們比較指望植物、細菌和微藻。」

ESA 的微生態維生系統替代(Melissa)計畫,目前正在設計一個「封閉循環」系統,目的是替月球居民提供食物,這很有可能是螺旋藻(spirulina),在非洲與拉丁美洲,這種可把二氧化碳轉換為氧的藍綠藻,長期以來一直是食物來源。

而針對有沒有必要在月球上飼養動物來提供食物所進行的討論,取決於蛋白質是否更容易從其他來源獲得,以及直接從地球送來食物是否更容易等因素。除了在太空中種植的一些蔬菜,後者正是留駐國際太空站的人員獲取食物的方式。

晚餐吃什麼?

但德國波昂大學營養生理學教授瑪蒂娜‧赫爾博士(Martina Heer)指出,人類每天都需要幾公斤的食物,經常供貨給一小群月球居民,成本實際上可能會高得令人卻步,「你必須帶很大的重量到月球上。」

因此,加拿大貴湖大學受控制環境系統研究中心主任暨教授麥克‧迪克森博士(Mike Dixon)說,儘管直接從地球運送食物乍看之下也許適宜,但並非無限期實際可行,尤其是當月球居住人數增多的時候。迪克森花了好幾年的時間研究植物在太空中生長的情況,他希望很快就能監控在國際太空站上進行的實驗,看看大麥在受到宇宙輻射之下是否會生長;他還計畫將來要在月球登陸器上種大麥。

迪克森認為魚和昆蟲是月球養殖場的最佳候

太空動物簡史

　　在太空競賽早期，就有一再利用動物的紀錄。蘇聯多次把狗送上了太空。第一隻進入太空的人科動物是黑猩猩漢姆（Ham），牠於 1961 年進行了次軌道飛行，這是美國水星計畫（Project Mercury）的其中一項。不過，能夠抵達月球的非人類動物非常少。1968 年，蘇聯探索五號（Zond 5）任務把兩隻陸龜和一些果蠅卵送去太空旅行，在環繞月球之後平安返回地球。四年後，五隻綽號分別為 Fe、Fi、Fo、Fum 和 Phooey 的小鼠，在美國阿波羅 17 號任務中環繞月球 72 圈。

　　NASA 前首席歷史學家羅傑·勞尼厄斯（Roger Launius）說，隨著太空競賽持續進展，動物的參與就減少了，原因是利用動物的主要目的在於確定太空飛行對人類是否安全，「當我們準備去月球時，我們已經學得夠多，知道可以打造一艘讓太空人能夠存活，假定一切正常的太空船。」

選者，「不可漠視你所吃下食物的心理吸引力。」儘管有的人可能不會迫不及待抓住機會吞下一碗蟋蟀，但實際上有可能是把「昆蟲乾」磨成粉之後，再用於各種看不見觸角或多刺腿的食譜中。月球上所有的動物最後都會被人吃掉嗎？不一定。美國維吉尼亞聯邦大學精神病學教授南西·季伊博士（Nancy Gee）認為，凡是暫住在月球上好幾天的人，都會因為遠離地球，並身處在這麼孤寂的地方，而必須跟孤獨感搏鬥。

　　「我猜想那可能會讓人覺得非常錯亂、非常孤立。」季伊說道。為了補救這個問題，有寵物作伴可以幫助提升住在小型月球基地的人的幸福感。她補充說，有很多研究顯示，與狗等動物互動可以改善人的心情，紓解壓力。如果狗狗的體型太大，第一批月球基地無法容納，那麼就連昆蟲都有可能幫得上忙。南韓進行了一項隨機化對照試驗，結果發現，比起沒有蟋蟀可照料的長者，照料蟋蟀可以明顯舒緩老年人的憂鬱情緒。

　　最後，讓動物進行長途太空旅行，踏上不毛之地，將會是嚴峻的考驗。季伊認為，我們應該盡全力確保這種行動合乎動物倫理。然而把動物和自然界廣泛納入太空探索，要滿足的不只是人類的需求。在太空中尋找方法保存或保護自然，就有可能也把某種東西還給自然界。

　　目前有一些進行中的計畫，真的打算保護太空中的那一點點大自然，彷彿是進一步向《無聲無息》這部片致敬。美國亞利桑那大學航太機械工程助理教授賈甘·坦嘉博士（Jekan Thanga）說，在數十億年前月球火山活動還很活躍時形成的熔岩隧道（lava tube），有可能為無數的種子、孢子、精子和卵提供十全十美的儲藏空間。它們將充當儲備基本原料物資的月球方舟，而這些原料是我們從頭開始重建地球生態系的所需物資。坦嘉說，

在《無聲無息》這部片中，來自地球的動植物生命在太空中受到了保護。同樣的，有些科學家假設月球上的熔岩隧道可以貯藏種子、孢子和卵，以便重建出地球的生態系。

ESA 微生態維生系統替代計畫的科學家正在發展一個封閉循環系統，可循環利用廢物，且提供糧食與氧氣給太空人。

「它可能是個存放我們最重視的原物料備用品的地點，從我們的角度來看，那就是地球的生物多樣性。」

考量到現有太空飛行器的大小，大概需要250次火箭發射，才能把所有必需的生物原物料運送到月球去儲存。此外，那些原物料一到月球，就必須放進熔岩隧道，冷藏至攝氏零下180度甚至更低的溫度。坦嘉解釋，這些原物料的價值不僅在於保有備用品，要是地球消失了，就可用來補足地球生命，而且隨著人類前往太空更深處探險，在其他的星球上立足，也有可能用這種原物料讓其他的星球住滿來自地球的生命。

這一切帶來了奇大無比的挑戰。建立生態系所需的東西不只種子與卵，在地球以外的任何一個地球複製品，還需要適合植物的生長媒介、充足的水、氧氣、光和熱，以及動植物生長或繁殖所需的物質。坦嘉表示，這些細節都還沒有完全草擬出來。

但基本原則是，人類太空探索不應該是毫無新意的努力，而這個基本原則有可能讓此計畫及其他計畫終有美夢成真的一天，從月球上的養魚場，到陪伴著我們在星際間旅行的寵物狗。誠如拉瑟所說，一開始就帶著很多動物是不實際的。在月球上、火星上或更遠的地方的人類，將會像今天駐紮在南極洲的那些人，與他們習慣的大部分環境多少有些隔絕。但在那之後，誰知道呢？

像薛比瓦這樣的研究人員認為，與我們地球的生物多樣性維持聯繫，對未來的探險家和太空先鋒來說極其重要。季伊也提出了類似的觀點，她表示，現在我們就應該開始討論如何帶動物一起上太空的問題，「即使我們已經不在地球上了，要怎麼繼續把動物當生活的一部分來飼養，該怎麼把牠們繼續列進來？因為牠們對很多人非常重要。」

克里斯・巴拉尼克（Chris Baraniuk）
駐北愛爾蘭自由科學記者。
譯者｜畢馨云

德州星際基地
馬斯克的未來城市建造計畫

這個企圖心遠大的太空發射站可能會成為多次出發前往月球和火星的起點。

伊隆·馬斯克一向毫不遮掩他想打造火星定居地的意圖，但他近來的大膽之舉是在地球上建一座城市，位置就選在 SpaceX 位於美國德州南部卡梅倫郡波卡契卡（Boca Chica）的發射場附近，馬斯克想稱呼它為「德州星際基地」（Starbase, Texas）。這座城市將供所有在發射場工作及打算從這裡啟程上太空的人居住，還將成為觀光勝地，吸引那些想目睹發射升空之驚異力量的人。

馬斯克期望最終它會成為火星旅行的出發點，每艘強大的太空船「星艦」一次能夠把100人左右送上這顆紅色行星。這些太空船準備飛行期間，所需的居住空間和基礎設施唯有城鎮才能供給，因此把波卡契卡村改造成德州星際基地市，對馬斯克實現太空探險憧憬可能是必要的。馬斯克在 2021 年初正式與卡梅倫郡政府商談，展開他的建城進程。

星艦以及把它送上太空的超重型（Super Heavy）運載火箭，就以波卡契卡為總部。不同於以往嘗試過與即將完成的任何火箭，這個大型火箭將會成為有史以來最強而有力的火箭。英國國家太空中心的喬許·巴克（Josh Barker）說，「這是企圖非常遠大的計畫，與 SpaceX 如何達到現有的地位是一致的。我認為他們不怕嘗試。」

SpaceX 與各國太空總署傳統使用的小型太空艙不同，星艦是下一代的設計，高 50 公尺，直徑 9 公尺，許多內部空間將供起居之用，或改成載貨用途。超重型火箭有 70 公尺高，初時會由 29 個猛禽（Raptor）發動機提供動力，而這些發動機也是由 SpaceX 在德州製造。

星艦和超重型火箭疊在一起後，高度將近 120 公尺，比 1960 年代末和 1970 年代初 NASA 用來把太空人送上月球的農神五號火箭高出將近 10 公尺，能夠產生的推力將會是 NASA 登月火箭的近兩倍。而且，農神五號只能使用一次，但星艦和超重型運載火箭的所有東西都可重複使用，在任務結束時，兩個構成部分都會垂直降落在發射臺上。

發射場的進展速度極快，主要的建造工作在 2016 年正式開始，而在 2019 年就準備好進行

發射測試。這種加速的進展已經成為 SpaceX 的特徵，而馬斯克本人似乎也非常奮發執著。巴克說，「我認為他讓員工工作得非常非常累。他有很強的職業道德感，我認為他對員工也這麼要求。」

2020 年 12 月，波卡契卡進行了第一次大型試飛，一艘星艦發射升空，測試垂直著陸系統。儘管它順利發射升空，但返回降落時爆炸了。星艦進行四次試飛後，才在 2021 年 5 月 5 日成功著陸。如果說先前幾次試飛證明了什麼，那就是發射場對爆炸事故的耐受程度。

SpaceX 在 2021 年 3 月間就開始把波卡契卡發射場稱為星際基地，現在正在為星艦和超重型火箭組合的首次軌道試飛做準備。他們大約花了 16 個月的時間，在該地進行額外建設，準備軌道發射平臺。這個平臺包括了一個供超重型火箭站立的「發射臺」，一個把星艦舉起、升到超重型火箭上方、且在點火前讓巨型火箭就定位的發射塔，還有一個裝有燃料及其他液體的「儲油場」，這些燃料與液體會在發射前被抽送到火箭裡。發射塔上還安裝了一組特大的「手臂」，稱為「機械吉拉」（Mechazilla），將會抓住返回的超重型火箭，讓它在軟著陸的過程中穩定地降落到平臺上。

無論馬斯克在發射場附近納入一座城市的計畫是否獲得許可，星際基地都毫無疑問會成為地球上最重要的發射場之一。這是因為 NASA 的阿提米絲計畫已經選用星艦當作月球登陸器，因此載著太空人重返月球的太空船將會從這裡發射升空。

　　儘管太空人將從美國佛州卡納維爾角發射升空，但他們乘坐的獵戶座太空船座艙不具備登陸月球表面的裝備。相反的，會有一艘未載人的星艦從波卡契卡提前發射升空，停放在環繞月球的停駐軌道上，它將會等候獵戶座太空艙前來，與它對接，讓太空人轉送過來。最後太空人將駕駛星艦降落到月球表面，任務完成後再返回。這將成為馬斯克最終的火星探險目標的某種預演。

　　即使聽起來仍像是科幻小說，但巴克認為不該低估馬斯克上火星的雄心，「我們已經看到馬斯克可以把事情做好。他有做這件事的決心，我認為他很有可能做到。」然後巴克補了句，「或者他會因此破產，那將畫上句點。」

史都華・克拉克（Stuart Clark）
天文學家兼記者，天文物理學博士。

譯者｜畢馨云

前十大最重的太空船

　　想上太空可不容易。要把一公斤的重量送上低地軌道，估計需要耗費 32,900,000 焦耳的能量。儘管困難重重，人類還是不斷發射一個又一個的載具進入大氣層以及太空之中。

1 國際太空站（ISS）
由 16 個加壓模組構成的太空站
服役年份：1998 迄今
419,725 公斤

2 和平號太空站
俄羅斯太空站
服役年份：1986-2001
140,000 公斤

3 太空梭
美國軌道載具
服役年份：1981-2011
110,000 公斤（奮進號的起飛毛重）

4 暴風雪號太空梭
俄羅斯無人太空飛機
服役年份：1988
105,000 公斤（軌道飛行器的質量）

5 太空實驗室
美國太空站
服役年份：1973-1979
77,000 公斤

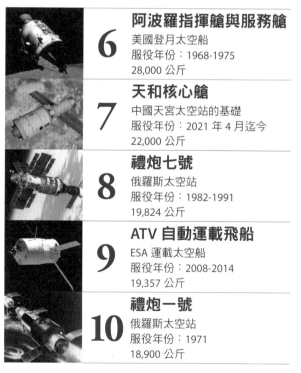

6 阿波羅指揮艙與服務艙
美國登月太空船
服役年份：1968-1975
28,000 公斤

7 天和核心艙
中國天宮太空站的基礎
服役年份：2021 年 4 月迄今
22,000 公斤

8 禮炮七號
俄羅斯太空站
服役年份：1982-1991
19,824 公斤

9 ATV 自動運載飛船
ESA 運載太空船
服役年份：2008-2014
19,357 公斤

10 禮炮一號
俄羅斯太空站
服役年份：1971
18,900 公斤

CHAPTER 04

去火星走走

火星任務

　　火星每隔 26 個月會到達環繞太陽軌道上的近地點，這是讓太空船踏上前往火星的七個月旅程之最理想發射時機。最近一次的時間點是 2020 年 7 月 17 日，藉此共有三項任務在 2021 年 2 月到達這顆紅色行星。以下就是這幾項任務的目標……（甘錫安譯）

毅力號

任務機構	NASA 和 JPL
著陸地點	耶澤羅隕石坑
任務時間	一火星年（687 地球日）
研究儀器	**Mastcam-Z 攝影系統** 研究表面礦物
	MEDA 測量風力、溫度、壓力、溼度和塵土
	MOXIE 示範如何在火星上製造氧氣
	PIXL X 射線光譜儀 辨識化學元素，有攝影機可拍攝特寫影像
	RIMFAX GPR 用來測繪表面下的地質
	SHERLOC 尋找有機物、礦物和可能生物徵兆
	SuperCam 攝影機 檢驗物質，有雷射和光譜儀可尋找有機化合物
	機智號 示範無人機科技
重　量	1,025 公斤
尺　寸	2.9x2.7x2.2 公尺
造　價	27 億美元

毅力號（Perseverance）

　　NASA 的毅力號在乾涸的湖泊耶澤羅隕石坑（Jezero Crater）顯得相當自在。這輛探測車配備五部科學攝影機，將搜尋數十億年前海岸線或湖床沉積物中可能存在的微生物跡象。它也將採集岩心樣本，並在十年內把這些無價之寶送回地球。

　　氧氣來源對未來前往火星的太空人任務十分重要，毅力號上的氧氣製造器將可發揮作用。MOXIE 相當於逆向的燃料電池，將示範把大氣中的二氧化碳分子分解成氧和碳的技術。但最受矚目的應該是綁在毅力號機腹的機智號（Ingenuity）無人機，它已在 2021 年 4 月進行了史上首次在其他行星上的動力飛行。這項歷史性的成就將可為未來的任務鋪下坦途，探索許多人認為相當類似早期地球的土衛六。

希望號（Hope）

　　阿拉伯聯合大公國（UAE）的首次行星任務目前已於 2021 年 3 月到達火星的科學軌道。希望號的目標是描繪史上第一份完整的火星稀薄大氣和季節變化面貌，以及解決存在已久的氫和氧散逸問題。

火星任務時間表

2020 年 7 月 19 日　希望號在日本種子島太空中心升空。

2020 年 7 月 23 日　天問一號在中國文昌太空發射中心升空。

2020 年 7 月 30 日　毅力號在美國佛州卡納維爾角升空。

2021 年 2 月 5 日　天問一號拍攝第一張火星影像，距離火星表面 218 萬公里。

2021 年 2 月 9 日　希望號進入軌道。

2021 年 2 月 10 日　天問一號進入軌道。希望號傳回第一張火星影像。

2021 年 2 月 18 日　毅力號著陸，傳回第一張火星影像。

2021 年 2 月 22 日　毅力號傳回史上第一段火星聲音。

2021 年 3 至 4 月　希望號進入科學軌道。機智號進行第一次試飛。

2021 年 5 月　天問一號環繞艇釋出登陸艇和探測車前往烏托邦平原。

2022 年 12 月 29 日　天問一號主任務預計結束。

2023 年 1 月 6 日　毅力號預計開始擴充任務。

2023 年 3 月 13 日　希望號預計開始擴充任務。

2030 年　天問一號可能帶回樣本。

2031 年　毅力號可能帶回樣本。

希望號

任務機構	阿拉伯聯合大公國太空總署（UAESA）
目　　標	長 2.2 萬公里、寬 4.3 萬公里的軌道，環繞一圈需要 55 小時
任務時間	一火星年（687 地球日）
研究儀器	**EXI** 拍攝高解析度照片
	EMIRS 檢視低層和中層大氣的溫度變化、冰、水汽和塵土
	EMUS 研究高層大氣以及氫和氧散逸問題
升空質量	1,350 公斤
尺　　寸	2.37x2.90 公尺（展開時 3x7.9 公尺）
造　　價	2 億美元

天問一號

　　中國國家航天局的天問一號在希望號之後不到 24 小時進入軌道，先執行偵察任務，再於 2021 年 5 月底進行登陸艇與探測車雙重嘗試。這輛太陽能探測車將檢視表面和其下的地質，並且尋找過往的生物印記。中國這次任務可能是史上首次火星採樣任務，目標是帶回原始的地質樣本。

任務機構	中國國家航天局（CNSA）
探測車著陸地點	烏托邦平原
任務時間	一火星年（環繞艇）、90 火星日（探測車）
研究儀器	**中高解析度攝影機** 研究地形、形態學和地質
	磁強計 研究電離層、磁鞘和太陽風間的交互作用
	表面下雷達 偵測表面下結構和地下水冰分布
	礦物學光譜儀 判定礦物組成和分布
	火星離子和中性粒子分析器 研究大氣散逸和調查太陽風交互作用
	高能粒子分析器 分析大氣中的帶電粒子
探測車儀器	**透地雷達** 拍攝地表下的影像
	磁場偵測器 偵測磁場
	氣候站 測量溫度、氣壓和風
	表面化合物偵測器 尋找生物存在的證據
	多光譜攝影機 判定物質組成和分布
	導航與地形攝影機 提供 360 度視野供導航使用
升空質量	5 噸
尺　　寸	2.6x3x1.85 公尺（探測車）
造　　價	不明

毅力號傳回火星的天氣報告

火星上的天氣如何？NASA 分析了毅力號從火星傳回的首批氣象報告，簡單來說，若你有意造訪耶澤羅隕石坑，恐怕得多帶一件外套（當然還有太空衣），因為即便較暖和的日子，那裡的氣溫也只有攝氏零下 20 度。

2021 年 2 月，搭載火星環境動力學分析儀（MEDA）的毅力號順利登陸火星，其感測器可以記錄風速和風向、大氣溫度和地面溫度，以及壓力、溼度和輻射。MEDA 每小時會啟動一次，取得最新環境讀數。天氣預報顯示氣溫趨冷，強風不止，隨時可能有塵暴風險。曾測得的最低溫為攝氏零下 83 度，風速每小時 35 公里。毅力號陸續還會提供各種實用資訊，例如氣溫循環、沙紋、太陽輻射讀數和雲型等。

正如我們出門散步前會先檢視氣象 app，MEDA 的資料可以幫助工程師安排毅力號何時該移動和進行實驗，其中包括規劃機智號無人機的飛航行程。除此之外，這些資料也對未來的火星載人任務很重要，但重點不是讓太空人有茶餘飯後的聊天話題，而在於可以透過了解這些環境的變化，判斷未來該在何處建立火星基地。

MEDA 計畫的副主持人曼紐爾‧托雷‧華瑞茲（Manuel de la Torre Juárez）表示，「它送回來的報告讓我們進一步了解火星表面的環境，這些資料和其他儀器的實驗數據將為人類探索打好基礎，也希望能藉此讓相關設計更強韌、任務更安全。」

這並非科學家第一次收到火星的天氣報告，毅力號的前輩們好奇號和洞察號過去也曾傳回火星著陸點的氣象資料。藉著這些既有資料加上 MEDA 的預測功能，以及衛星和望遠鏡的資料，科學家有望為火星建立更完整的天氣模式。（吳侑達譯）

在畫家想像中，這是耶澤羅隕石坑數十億年前的樣貌。

爲什麼要從火星
帶回樣本？

地球人現在有個雄心勃勃的計畫，想要從火星帶東西回來，

這需要兩個太空總署和幾趟任務才能做到。

ESA 的艾伯特・哈德曼將告訴我們會有什麼危險以及如何採樣。

跟我們聊聊採樣返回任務。

　　火星採樣返回（Mars Sample Return）任務是第一個從另一顆行星帶回樣本的任務，它其實是計畫而非任務，因為需要的太空船不止一艘。現在我們已有許多從月球採回的樣本，分別是由阿波羅任務、俄羅斯的探測器及最近中國的探測器所帶回來的。美國和日本執行的任務也已經帶回了小行星的樣本，但還沒有從火星帶回過樣本，這就是現在的目標。第一步是 NASA 的毅力號火星探測車，它成功登陸火星之後就開始採集樣本。

　　火星採樣返回計畫是 NASA 和 ESA 聯手進行的計畫，儘管是由 NASA 主導。NASA 將負責從火星表面發射把樣本送上火星軌道的火箭，但 ESA 負責地球返回軌道器（Earth Return Orbiter），這個太空飛行器基本上將成為第一艘行星間的太空船。它將會從地球前往火星，進入環繞火星的軌道，然後和火星軌道上的採樣飛行器會合，取得樣本，最後返回地球。它不會進入地球軌道，但在靠得夠接近時，就會立刻釋放由 NASA 建造、裝著樣品的返回艙；會回到地球的只有返回艙，而地球返回軌道器並不會。這項計畫本質上會讓太空艙執行可控制的碰撞，所以我們會選定碰撞地點，然後讓地球返回軌道器釋放樣本之後就飛走。它會脫離軌道，飛過地球，最後進入環繞著太陽的墳場軌道。

　　但在此之前，毅力號會在火星上採集樣本，並放入火星表面的貯藏所。2026 年 NASA 將發射另一枚包含一個登陸器的火箭到火星，這個登陸器攜帶了火星升空載具（Mars Ascent Vehicle）和樣本取回探測車（Sample Fetch Rover）。登陸器會降落在火星表面，放出樣本取回探測車，探測車將拾取毅力號採集的岩石樣本貯藏物。接下來，樣本取回探測車會把這些樣本帶回登陸器，再放進火星升空載具，然後發射到火星軌道。

火星採樣接力 把火星岩石樣本帶回地球的步驟。

1. 登陸、勘察、鑽孔

NASA 的毅力號火星探測車在 2020 年 7 月發射升空，2021 年 2 月成功降落在火星上的耶澤羅隕石坑。這輛火星車，代表人類首次往返另一顆行星的第一個階段。它將使用鑽頭採集岩石和土壤樣本，然後儲存在火星表面。

2. 密封和存放

毅力號採集到的任何樣本都會放進密封的試管，然後存放在火星表面上，基本上它會一邊勘察火星表面，一邊留下記號。未來的火星任務會由 NASA 和 ESA 共同執行，將跟著毅力號一路留下的足跡，去取回樣本並送回地球。

3. 引發第二波

下個階段會在 2026 年展開，NASA 將發射另一項火星任務，攜帶包含探測車、火箭和太空艙的登陸器，這些是取走毅力號採集到的樣本並送回地球所需的設備。登陸器計劃在耶澤羅隕石坑著陸，也就是毅力號的旅程起點。

4. 展開與卸載

登陸器在這顆紅色行星成功降落之後，將打開太陽能電池板，啟動由 ESA 設計的樣本取回探測車。稍後這輛比毅力號小一點的四輪探測車就會自己展開，離開登陸器，開始追蹤毅力號留下的樣本足跡。

從地球發射火箭已經夠麻煩了，從火星表面發射聽起來更是極為困難。

　　對，有很多挑戰，特別是因為發射必須自動完成。火箭將會是二級的固體燃料火箭，會攜帶繞軌道樣本容器（Orbiting Sample container，簡稱為 OS），基本上這是個足球大小的球體。火箭進入軌道時，它會彈出 OS，讓它繞著火星運行。

　　我們還在研究最能確保我們找得到它的方法，基準是讓它閃閃發亮，然後從幾千公里外，也就是地球返回軌道器靠近時的位置，用相機看見它。這看似可行，但大家還是有點擔心，所以我們正在考慮無線電信標、雷射測距儀之類的東西。但具有挑戰性的階段很多，而這正是樂趣所在，工程師必須做出所有這些東西，還要讓它們行得通。

把火星樣本送回地球對天文學界來說有什麼意義？

　　我們已經利用機器人、探測車和登陸器從遠

5. 抓了就走

樣本取回探測車會沿著毅力號的足跡，取走存放在火星表面的樣本。一找到樣本的所在位置，機械臂就會去拿起樣本，收進探測車內，然後繼續尋找下一個。當取得夠多的樣本，樣本取回探測車就會回到登陸器。

6. 交出樣本

樣本取回探測車回到登陸器時，用來拾取密封樣本的機械臂，就會把樣本存放在登陸器內的火星升空載具的鼻錐裡。如果有樣本取回探測車無法取走的額外樣本，可由毅力號直接帶到登陸器上。

7. 發射回家

當樣本裝到火星升空載具裡，小型火箭就會從登陸器發射到火星軌道上。火星上的重力大約是地球上的三分之一，所以物體比較容易達到脫離速度，火箭就可以小很多，預計最高有 3 公尺，直徑最大是 50 公分左右。

8. 接取與放手

火星升空載具將會攜帶裝著樣本的容器進入火星軌道，然後釋放容器。地球返回軌道器會在返回地球之前探測並取走樣本容器。到達地球時，地球返回軌道器就會把樣本容器丟進地球大氣層……如果一切都照計畫進行的話。

處採集了火星樣本，還有從火星撞離、最後落在地球上的隕石樣本。從那些岩石的同位素分析，我們得知它們來自何方。其中一些含有成分和火星大氣很像的氣泡；早在 1976 和 1977 年，維京一號和二號就測量過火星大氣層。

為什麼要從火星帶回更多樣本？

首先，我們沒辦法確切說出這些火星隕石來自火星上的什麼地方。我們做了一些假設，但不知道答案。其次，雖然毅力號上有高性能儀器和光譜儀，也有其他的火星探測器，但這些儀器都做得非常小以便能在太空中旅行，它們的性能也就不如地球上實驗室裡的儀器。

此外，毅力號將會在耶澤羅隕石坑採集到一些隕石樣本中沒有的岩石，我們認為這些岩石在撞離行星之後就消失了，然而它們卻是火星地質史的關鍵。而且因為耶澤羅隕石坑裡的三角洲，來自此處的岩石或許會跟液態水有關，因此很可能含有火星上曾有生命的證據，或是昔日火星環境中的有機物質。我們就等證據來證明火星上曾經有生命還是沒有吧。

你們會在樣本裡尋找什麼樣的東西？

那要等以後再說了。但是為了分析樣本，會採取特別的預防措施。我們已經看到有些地下環境可能含有液態水，就會認為火星或許是適於居住的，因此對於第一批樣本，會採用最嚴格的行星保護（planetary protection）措施。這些樣本將裝在堅固耐用的金屬試管中，盡可能保持不動，如此就不會汙染內容物。我們會把試管包裝在有多層外殼的 OS 中。接下來，OS 送上地球返回軌道器，然後裝進同樣有多層外殼的返回艙。返回艙回到地球時，會被接起來裝袋，然後帶到特殊的場所拆開。

我們會在打開試管之前先做 X 光檢查，看看內容物的礦物成分。為了研究成分，有些樣本可能也會經過非常高能量的同步加速器檢驗。

只有在確信打開返回艙很安全時，我們才會打開，而且也會使用可控制的方式。接著，我們會用其他更先進的地球化學試驗程序仔細檢查樣本，看看除礦物外有沒有任何有機物質。

樣本取回探測車的輪子看起來像是有可充氣輪胎？

沒錯，看起來確實像充氣輪胎，但並不是。它們其實是用記憶金屬製成的鋼絲網，這樣我們就能製造出更大的輪子，但可以壓縮成更小包來發射。那些輪胎確實會膨脹，但不是靠充氣。到達火星時，輪胎會被釋放，膨脹到正常的尺寸。會這麼做的理由是，樣本取回探測車必須迅速駛過很大片的土地，如果輪子比較大，就能幫助它做到這件事。

我們也只會用到四個輪子，而不是原先設計的六個輪子。對於崎嶇不平的地形，六個輪子非常有效率。而四個大輪胎的輪子，就像沙丘越野車的大型車輪，在崎嶇不平的地形上也沒問題，特別是你如果知道是什麼樣的地形，某種程度上我們將會知道這件事，因為我們已經把毅力號送上火星表面進行勘察了。

你會擔心火星樣本汙染嗎？

我個人不擔心火星汙染，我認為地球和火星已經「以沫相濡」了數十億年。但和公眾及政治上對這種風險的看法相比，我的觀點並不重要，所以必須解決這個問題。我認為它會是非常大的挑戰，特別是鑒於我們看到公眾對於科學權威在處理新冠肺炎的信心問題；我們已經從中記取教訓。

如果我們希望太空人往返火星，就必須了解從火星拿回來的樣本有何意義。如果我們像許多人一樣，有志把太空人（甚至一般人類）送往太陽系的更遠處，還要能回到地球，我們就必須仔細了解行星保護代表的意義。

艾伯特‧哈德曼（Albert Haldemann）
ESA 火星地外生物探測計畫（ExoMars）酬載組裝整合查核團隊組長，同時負責與 NASA 協調，讓兩個機構能夠順利合作。

譯者｜畢馨云

尋覓火星生命奇跡

採集到火星土壤之後,我們要如何分析其中可能的生命跡象?
聽聽在這個領域裡一枝獨秀的科學家米榭‧亞綸怎麼說。

火星上有什麼礦物質?

我們的紅色鄰居家有矽酸鹽,這主要是矽和氧的化合物,也常伴隨鎂、鐵和鈣。矽酸鹽可能呈片狀,像酥皮派那樣層層堆疊;或是如人們想像中的石頭般呈球狀。火星是紅色的原因是由於上頭含有大量氧化鐵,其主要的礦物形式「赤鐵礦」(Haematite),在火星和地球都有分布,又稱為赤血石。這一詞源自希臘文的「鮮血」,用以形容它的顏色。

除此之外,還有一些硫酸鹽、草酸鹽和碳酸鹽類,我相信還有很多我沒有提到的。碳酸鹽是許多科學家殷殷期盼的目標,而我的目標是草酸鹽類,主要因為它是組成生命不可缺少的元素。

草酸鹽類是什麼?

如果聽過腎結石,那它對你來說就不陌生,腎結石就是草酸鈣造成的。草酸鹽是種有機礦物質,雖能經由非生物的途徑合成,但它可是和生命體息息相關。地球上的草酸鹽類主要由動植物體內的化學作用生成,所以在地球上看到草酸鹽幾乎就代表有生命存在的痕跡。而令人興奮的是,目前發現有穩定狀態的草酸鹽分布在火星地表上。

這類化合物可在極端環境下依然保持結構穩定,所謂「極端」指的是人體在沒有任何保護措施下無法承受太久的惡劣環境,像是南極洲或是智利北部的阿塔卡馬沙漠,這兩個地方都很適合進行火星環境的模擬研究。由於火星上

的草酸鹽保存得很好，十分具有指標性，讓我們有機會探究從古至今的生物活動痕跡。

若在火星上找到草酸鹽，就代表有生命嗎？

這倒不一定，因為還有非生物途徑可以合成草酸鹽，也就是成岩作用（diagenesis），這是一種礦物質在受到高溫高壓或是熱液接觸下，物化性質產生改變的現象。

以地球為例，在生物體死亡、沉積、受到掩埋後，溫度和壓力的改變會讓遺骸變質。有機質豐富的沉積物受到高溫和壓力影響，分子結構產生變化，等到滄海桑田、重新出土時已經不一樣了，如同變質岩那樣。

就目前所知，火星可能不存在板塊運動，我們沒有觀察到上面有地層抬升發生，於是也就沒有前述提及的，岩石在地下經成岩作用變質後又重回地表的現象。然而火星上確實存在變質岩，就在某些隕石坑裡，我們發現附近岩層有成岩作用產生。不過我們相信這是由隕石撞擊造成，這是唯一會產生如此高溫和高壓的過程。說得精確些，是因為這些碳質球粒隕石（carbonaceous chondrite）含有羧酸，它帶著形成草酸鹽所需的元素。

所以，如果我們發現火星上存在草酸鹽，就可以斷言上頭有生命嗎？曾經有植被？可以長蘑菇？不，因為我還不確定這些草酸鹽是怎麼來的。

要怎麼偵測火星上的礦物質？

我用的是「紅外光譜技術」這種遙測方法，儀器沒有直接和地表接觸，而是隔著一段距離就可以收集資訊。光譜學是探索光和物體交互作用的科學，不同礦物質的分子結構不同，被紅外光照射後會產生獨特的振動特性。分子振動的模式就像是礦物質的指紋一般，藉著這個線索可幫助我們分辨火星上的礦物質。

火星其實與地球有一段距離，要傳回大量資料得花上許多時間。當時間拖得很長，未經處理的原始數據很可能就參雜了些難以判讀的干擾因素。以我的研究為例，不幸地由於火星的大氣環境塵土飛揚，會擾亂數據，我經常需要排除大氣對數據的影響。

在探測車上的光譜儀是現場分析外星岩石最好的方式，可減少許多氣候的影響。我還沒有使用到探測車的數據，因為目前還是得依靠衛星影像去分析哪些區域有比較多的草酸鹽。據我所知，在耶澤羅撞擊坑有發現草酸鹽類的蹤跡，而那就是這次毅力號的著陸地點。

是什麼原因讓你想要尋找火星生命存在的證據？

從 8 歲到 13 歲的每個暑假，祖父母都會帶我去參加休士頓的太空營，直到我超齡為止。早在那時我就迷戀上太空，我們會打造火箭、和太空人見面、學習太空梭計畫的一切。我看

到太空梭升空的影片還會感動落淚。就算每一屆做的事都差不多，營隊結束時我總是跟祖父母說，「長大後我想去 NASA 工作！」

銀河、行星、恆星……外太空的事物對我來說都充滿了吸引力，祖父母後來送給我一組望遠鏡，讓我可以在家中舒適地探索宇宙。最終我決定主修天文和物理學，我在美國維思大學念學士，然後認識了地球與環境科學系的瑪莎・吉爾莫爾博士（Martha Gilmore），她是位專研金星和火星的行星地質學家，也是黑人女性。

我從來沒有在這領域裡遇見過黑人女性，這超棒的！直到現在，我都視她為我的導師。她教了我很多關於火星的光譜學知識還有遙感探測技術，也讓我參與她在火星上尋找礦物質的研究。

為什麼代表性人物這麼重要？

我在美國路易斯安那州和休士頓長大，成長過程中確實都有黑人導師和前輩，但就太空探索的領域而言，放眼望去都是白人男性。我甚至不覺得梅・傑米森（Mae Jemison，第一位登上太空的黑人女性）知道我的存在，說起來真是令人難過。同樣地，我在大學以前也不知道有這麼一位女士。

這個領域並非不適合黑人女性。在這裡看到他們，會讓我得到一種力量：如果她可以辦到，那我也可以。這絕對是讓我繼續堅持下去

的因素之一，當然，對礦物學和光譜學的熱愛也是重要原因。

代表性人物在理工領域裡非常重要，對非裔族群或任何代表性不足的少數群體來說尤其如此。當他們進入一個主要由白人男性主導的領域時，自然會想要尋找相似的臉孔。除了種族問題，每個領域都有它艱深的學問，但當你看見某個跟你很像的人，克服了一路上的困難並出現在你面前，受人尊敬並且在領域內享譽四方，這就讓人看見了希望。

米榭・亞綸（Miché Aaron）
於維思大學主修天文學和物理學，接著在德州的山姆休士頓州立大學取得地理訊息系統（GIS）碩士學位。畢業後就業於卡內基地球物理實驗室，研究題目即為草酸鹽類。她在那裡認識了約翰霍普金斯應用物理實驗室（APL）的人員，進而將遙測技術納入研究。

譯者｜劉冠廷　台灣大學生化科技所畢，現為兼職譯者。

紅色星球
的綠色計畫

**如果人類希望有朝一日能在火星上建立殖民地，
就得找出能在這顆紅色星球上種出食物的方法……**

　　2016 年，瓦赫寧恩大學植物生態學家維格・瓦姆林
克（Wieger Wamelink）曾坐在荷蘭的新世界大飯店
（New World Hotel）裡，和 50 名賓客共進一場前所
未有的餐宴。菜單乍看之下平凡無奇，頂多就是烹調手
法講究一點：開胃菜是豌豆泥，接著端上來的是馬鈴薯
蕁麻湯佐黑麥麵包和蘿蔔沫醬汁，最後以胡蘿蔔雪酪畫
下句點。

　　不過，這場餐宴之所以非比尋常，是因為食材中的這
些蔬菜，全都是瓦姆林克與研究團隊用模擬火星和月表
的土壤種植出來的。

瓦姆林克正在檢查一批用火星模擬土種植的作物。

至今，團隊已用模擬土種出 10 種作物，包括藜麥、獨行菜、芝麻菜和番茄，成績斐然。這些模擬土是採集地球上的火山岩磨碎製成，並根據石屑大小加以分級，然後依照探測車取得的火星土壤分析結果，將各種大小的石屑混合成和火星土壤相同的比例。

研發模擬土的目的，原本是要在地球上測試探測車能否應付火星和月球的地表環境。幾乎沒人想過，有一天這些土壤可以拿來嘗試栽種植物。

要拿這些土壤種植東西，首先令人擔心的就是土壤質地，尤其因為研究人員剛開始嘗試用月球模擬土種植作物時，植物根部都被細小銳利的石屑刺傷，結果並不順利。不過，火星在古代曾經有流水，而且現在仍有風蝕作用發生，地表環境沒有月球來得嚴酷，使用火星模

馬鈴薯種在質地密實的火星土壤中，其生長情況並不理想。

「火星馬鈴薯」終於收成，不過品質參差不齊。

來，還能吃掉火星土壤中有毒的過氯酸鹽。

另一方面，在美國賓州的維拉諾瓦大學，由艾德‧奎南教授（Ed Guinan）以及愛莉西亞‧艾格林（Alicia Eglin）主導的「紅姆指計畫」（Red Thumbs Project）也成功用自行研發的火星模擬土種出一些作物。維拉諾瓦團隊的模擬土是採集美國西南部莫哈韋沙漠的岩石製成，並與蚯蚓養殖場合作，因為蚯蚓鑽土和進食的過程可以將死亡有機物所含的氮釋放出來，增加土壤中養分。

紅姆指計畫在 2018 年登上頭條新聞，當時奎南和艾格林的團隊成功種出大麥和蛇麻（即啤酒花），國際媒體對於日後有望製造出火星啤酒的消息都大感振奮。

水土不服

這兩年來，奎南和艾格林在溫室中種出了更多植物，包括番茄、大蒜、菠菜、羅勒、羽衣甘藍、萵苣、芝麻菜、洋蔥和蘿蔔。每種作物收成品質各有不同，不過種得最好的是羽衣甘藍，用火星模擬土種出來的品質甚至比地球土壤更優

擬土種植的結果也相當成功。

在營養價值方面，瓦姆林克表示「火星作物」和地球土壤種出來的作物沒什麼差別。至於食物的風味，他則說番茄的甜度最讓他驚豔。

目前瓦姆林克和團隊正嘗試在火星模擬土中注入氮含量豐富的人類尿液，希望能藉此提高產量，因為未來若有載人登陸火星的太空任務，尿液就是非常容易取得的資源。他也計劃加入細菌，除了能將更多空氣中的氮元素固定下

MELiSSA 計畫嘗試用植物建立自給自足的生命維持系統，希望能運用在長程太空任務中。

良。但也有些作物似乎水土不服，像是需求量最大、熱量密度最高的馬鈴薯。馬鈴薯偏好質地鬆軟、孔隙多的土壤，但模擬土在灌溉後會變得又重又密實，使得馬鈴薯被悶死。

艾格林認為，成功關鍵或許是要搭配種植一些產量較低的作物，這樣比起種植單一品種，更能營造出趨近自然的生態系統。即使在地球上，種植單一作物也常會造成問題，因為土壤中該作物所需的營養素會逐漸消耗，每期收成之後，土地還無法補充養分時，下一期作物就已開始種植，造成地力枯竭。

為了消弭這種影響，農夫通常會在同一區域種植次要作物。次要作物的根系比較淺，不會影響主要作物生長，但仍可增加固氮作用，提高土壤肥沃度。艾格林目前正計劃嘗試這種做法，她打算在種植大豆（有望成為重要蛋白質來源）和玉米的同時，也種植莧菜；加勒比海地區著名的「卡拉洛燉菜湯」（callaloo）就是利用莧菜來製作。

不過，ESA 的克莉絲朵·派耶（Christel Paille）說明，無論這些計畫有多成功，我們都要記得模擬土壤其實有其限制。派耶是微生態生命維持系統替代計畫（Micro-Ecological Life Support System Alternative programme，簡稱為 MELiSSA）的一

員，這項計畫旨在研究各種能運用在長程載人飛行任務中的維生技術，例如用裝有細菌的生物反應器將太空人的排泄物轉化成空氣、水和食物。

MELiSSA 曾向瓦姆林克提供相關研究支援，但派耶指出，就算使用模擬土栽種成功，仍必須考慮到一件事實，也就是實驗環境的設計根據來自於相當有限的地質樣本，她表示，「這是一個基準，但我們不能認定火星地表上每個地方都可以有這樣的結果。對於模擬製成的材料，我們始終保持謹慎的態度，因為一種模擬土很難概括所有特性。」

要解決這個問題，或許只能從火星地表採集樣本，送回地球。火星探測車毅力號將在耶澤羅隕石坑採集古老三角洲地區的沉積物，據說此處是火星最肥沃的土地。毅力號的動力系統以鈽為能量來源，可讓這部探測器在地表上進行長達 10 年的分析調查。以往的太空任務著重於尋找火星曾擁有宜居環境的跡象，這回毅力號的目標則是進一步找出火星曾存在微生物的證據。

同時，毅力號也會採集岩石和土壤樣本並加以保存，預計日後將透過機器人執行太空飛行任務，將這些樣本帶回地球進行分析。對於希望有朝一日能在火星上種出食物的人來說，這些樣本非常關鍵。在得到真正的火星土壤樣本之

2015 年電影《絕地救援》（*The Martian*）劇照，電影中受困火星的麥特·戴蒙（Matt Damon）成功種出了作物。

前，我們還是只能用模擬土進行試驗。

在這段期間，還有很多事情尚待發掘。比方說派耶參與的 MELiSSA 計畫並非以單一物種為主，而是傾向建立自給自足、能獨立運作的生態系統，並研究其中植物，因此學者得評估每種植物在栽種及處理排放物上所需的資源，並以食用價值、產氧能力，甚至是水資源的處理方式來權衡其優劣。不過，想預估作物在火星上的生長情況，我們得對植物的生物學基本原理有更全面的了解。

「這要深入研究到分子的程度。」派耶解釋，「我們必須掌握土壤中的各種情況，像是根部如何進行呼吸作用、植物如何吸收氧氣等氣體並供應給根部，還有它們產生的二氧化碳到底是如何釋放。」

環境阻礙

即使開發出合適的模擬土，還是有其他難題需要克服。火星軌道距離太陽很遙遠，比地球到太陽多了約 7,000 萬公里，因此陽光抵達火星時只剩下 43％ 的熱

奎南正在檢查「火星庭園」裡的植物。

能，平均氣溫只有攝氏零下 60 度；加上火星軌道傾斜呈現橢圓形，所以季節溫差非常大。

另一個阻礙在於火星大氣比地球稀薄許多，而且缺乏植物生長必要的氮。火星大氣層的主要成分為二氧化碳，雖然是植物光合作用不可或缺的氣體，但因為濃度太低，即使在地表上栽種植物，也不足以提供植物生長。

大氣稀薄，使得火星土壤暴露在宇宙輻射之中，即使引進微生物來分解死亡植物、讓營養素可以循環利用，但在這樣的環境下，任何微生物都難以存活。英國天體生物學中心（UKCA）的珍妮佛‧華茲沃斯（Jennifer Wadsworth）也指出，太陽輻射會活化火星土壤中的含氯化合物，產生有毒的過氯酸鹽。食用過氯酸鹽會造成中毒，並導致甲狀腺功能低下，使人體無法正常分泌代謝所需的荷爾蒙。火星土壤中所含的鎘、汞和鐵等有毒重金屬，也都會對健康造成威脅。

「火星庭園」第二階段，這是紅拇指計畫的一環。

奎南和兩位學生正在照顧紅姆指計畫中的植物。

營養液中。這類農法可以讓作物長得更大、更快，而且已在國際太空站（ISS）上面成功種出萵苣。瓦姆林克還說，太空人對於收成都感到非常開心，結果他們吃掉太多萵苣，導致送回地球進行分析的樣本很少，讓科學家們大失所望。

熱量赤字

儘管 ISS 種出的萵苣很受歡迎，但光靠氣耕或水耕，恐怕不足以供應太空人在前往火星的長程飛行途中所需的食物，原因就在於這類農法難以種出馬鈴薯。「水耕栽培很難種出馬鈴薯，但人不能光吃萵苣和番茄，因為熱量不夠。」瓦姆林克表示，「馬鈴薯在土壤裡的生長情況好很多，每立方公尺都可以有豐富的收成，不能吃的有機質還可以拿來循環利用。」

無論是種在土裡、水中還是氣耕，食物在火星前哨基地扮演的角色，很可能不光只是營養來源而已。能坐下來吃頓像樣的晚餐，對離家數百萬公里、在異星探索拓荒的太空人來說非常寶貴，更有助確保心理健康、撫慰心靈。所以，或許黑麥麵包和蘿蔔沫醬汁最後還是會出現在火星太空人的菜單上。誰知道呢？

「凡是你想得到的、對人體有害的重金屬，在這些土壤裡通通找得到。」瓦姆林克說，「這對植物來說沒什麼關係，因為它們只會把重金屬儲存在某個部位。但我們要是吃下含有這些重金屬的植物，可就是大問題了。」

有個做法是採用無土栽培，這種技術在地球上已經廣為應用，像氣耕栽培法是將植物懸掛在空中，朝根部噴灑霧化的營養液；另一個方式是水耕栽培法，也就是將植物根部浸泡在

詹姆斯·羅梅洛（James Romero）
太空與天文學作家。

譯者｜黃于薇　成功大學外文系畢，兼職譯者。

為容納 20 萬至 25 萬居民所設計的女媧城，命名自中國神話裡創造並保佑人類的女神。

繪圖　阿比布建築師事務所（Abiboo Studios）

如何打造
火星巨型都市

隨著抵達這顆紅色行星的任務增多，距離人類登陸的夢想似乎也不遠了。
然而第一個永久火星大都市會有什麼樣貌呢？歡迎來到女媧城。

　　毫無疑問，地球人對火星的興趣越來越濃厚了。阿拉伯聯合大公國已雄心勃勃宣示要於 2117 年之前，在火星上建設跨國人類居地。而且，想在火星上生活的人們，也不只有阿聯。

　　致力於人類探索及移居火星的組織火星學會（Mars Society），在 2020 年 2 月發起了一場設計火星城市的國際競賽，參賽作品來自十幾個國家的 175 個團隊。火星學會的創辦人兼總裁羅伯・祖布林博士（Robert Zubrin）說，「我看過參賽作品後，對這些團隊展現的獨創性大為感動，他們針對設計一個實際又美麗的火星城邦的問題，提出了極巧妙的技術、經濟效益，以及美學上的解決方案。」

　　其中一個參賽團隊是永續離開地球網路（Sustainable Offworld Network，簡稱為 SONet），團隊成員都是學術界和私人企業的專業人士，致力於在其他星球發展永續的人類居地。他們的參賽作品是「女媧城」。

由於將來會是永久的定居地，因此女媧提供了額外的照料措施，讓居民身心健康。這是透過其中一個火星綠色圓頂所見的火星平原景觀。

火星思維

　　女媧是由許多隧道構成的火星城市，隧道口在峭壁面上，深達 150 公尺。這些隧道將安置居住區和工作區，以及城市果園和綠色圓頂。就像今天城市裡的公共花園，這些空間將會包含植物、動物甚至小型水域。由於許多日常活動會在地面下完成，所以設計了這些鬱鬱蔥蔥的圓頂，提供隧道外壯觀的火星地貌景色，讓移居者心情愉快。

　　火星學會的這個挑戰賽引人矚目的原因，在於它不是要求參賽隊伍找出怎麼替一個長期但終究只是暫時的住所，建造出科學的前哨站。相反的，它特別指定要是個能夠容納一百萬人，提供學校、商店、醫院甚至殯葬設施的「城邦」（city state）。

　　這個城市還必須盡可能地自給自足，它必須為一百萬人生產所有的食、衣、住、用電、消

峭壁隧道只是女媧城的一部分。農業模組和太陽電池板位於峭壁頂上,更遠處是這個城市的核能發電站,谷底是新進人員的火箭降落點。

費品、車輛和機器。既然地球這麼遙遠,也就只可能輸入少量極為重要的零組件,譬如先進的電子產品。

加入參賽團隊 SONet 的阿比布建築師事務所(Abiboo Studios)的建築師兼都市設計師阿弗雷多·慕尼歐茲(Alfredo Muñoz)說,「這種思路跟暫時的定居地很不一樣。」若是暫時的基地,為數有限的人在此生活幾個月甚至幾年,工作做完後返回地球,那麼真正需要關注的就只有保命。但如果是他們將要度過餘生的地方,那就是另一回事了,會需要考慮更廣泛的問題。

慕尼歐茲說,「我們開始想,好吧,我們要怎麼確保理想的心理環境,擔保生活在其中的人感覺快樂又充實?要怎麼在非常嚴酷的地方,創造出美好的感受和群體生活?」

這代表女媧城不但必須在攝氏零下 103 度的極冷火星氣候下保護居民,還要能蓬勃發展出新的舒適文明世界。換句話說,這個計畫需要許多規劃。

天外之城

女媧城由多達 35 人的團隊設計,他們花了四個月的時間把這個概念做得盡善盡美。它會是五個散布在火星各地城市的首都,每個城市各能供養 20 萬至 25 萬人。SONet 團隊甚至還選定了女媧城及其姊妹市在火星上的地點:位於火星赤道附近塔爾西斯區(Tharsis)的死火山群 2,250 公里外的地方。這幾座城市會相隔幾千公里,可搭乘一種火星輕軌鐵路前往。只有阿巴洛斯城

作物將會在富含二氧化碳環境下的農業模組中耕種。由於火星的「空氣」壓力只有地球海平面氣壓的四分之一，不適合人類呼吸，因此耕種必須全自動化。

（Abalos City）會在更遠處，它靠近火星北極，將是開採水礦的定居地。

覺得要在火星上建造五個而不是一個城市有點太過雄心勃勃，這情有可原。從火箭燃料到製造生產所需的關鍵材料，都必須從火星的自然資源取得。舉例來說，石墨和超高分子量聚乙烯（用於建造），可以透過火星大氣中的二氧化碳來獲得；同樣的，在火星表面沉積物中發現的自然硫，可用來製造水泥。

但對 SONet 團隊的創建者，西班牙高等科學委員會太空科學研究中心（Institute of Space Sciences/CSIC）的天文物理學家吉列‧安格拉達－伊斯庫迪（Guillem Anglada-Escudé）來說，一旦他把問題拆解開來，就知道自己和地球上的城市規劃者面對一堆同樣的問題，只有一個重點有所不同。他說，「在地球上讓一座城市運作所需的一切，在火星上也會需要，而火星上還額外需要一樣東西，就是空氣。」

事實上，是需要相當多空氣。設計女媧城的人估計，要供給這座城市的 20 萬居民，會需要 187,500,000 立方公尺的空氣（每人大約需

綠色圓頂將建在隧道接近峭壁的那一頭。有些綠色圓頂會充當公園，有些則用來做實驗，測試植被能不能適應火星環境。所有的綠色圓頂都會有火星景觀可欣賞。

要 240 公斤的氧氣和 490 公斤的氮氣）。解決這個問題的傳統做法，是建造巨大的圓頂來收集空氣，不過，該團隊替女媧城想出的辦法是往峭壁深處建造。這種做法不但幫助他們把空氣收集在計畫挖鑿的 30 公尺直徑隧道和山洞中，峭壁還可以保護居民，擋住那些有害太陽輻射照射到缺乏空氣的火星表面。

此外，對於城市內部與外部的極大氣壓差，峭壁岩也提供了低成本的防護。在峭壁頂的方山（mesa）會裝設大型太陽能電池陣列與一個核電站，將輸出每人 37 千瓦（kW）的發電

把女媧城建造在峭壁的隧道裡，居住模組和工作模組就可以建置於岩層下，替居民遮擋照射到火星表面的輻射。

量供應維生系統所需。糧食生產區也會設在這裡,提供的作物將供給居民一半的飲食,另外一半則包含昆蟲、細胞培養肉,以及能讓大氣層恢復生機的大型藻類。

女媧實境?

這座「垂直城市」將分階段建造,頭十年會大量投入來自地球的機器設備與零組件,移居勞動人口使用它們來展開建造。SONet 團隊估計,這座城市在頭十年接近尾聲的時候,居民將會有一萬人。移居者必須支付 30 萬美元,購得前往火星的單程票及一間 25.5 平方公尺的住宿套房,按規定他們必須加入勞動人力。大約在女媧建城 50 週年時,這個殖民地將會大到可以脫離地球而獨立。

慕尼歐茲說,「如果有適當的財力和意願,在 2054 年之前開始建造女媧,在本世紀結束前完工,看起來是實際可行的。」但在現階段,女媧城還只在紙上進行。不過,他們目前正計畫

少數經過挑選的居民可能會被允許到外面調查女媧谷,他們得穿上壓力衣,裡頭會有足以供他們呼吸至少 10 個小時的空氣。由於夜間氣候嚴酷,所以這種調查活動只能在白天進行。

在地球上建造一系列的女媧示範設施，測試這個概念及它的各種技術解決方案。安格拉達－伊斯庫迪說，「這些實驗不光是行星探索方面的實驗，也會是針對建築、材料科學、生物學、生態學、經濟學、共同生活的人及這些人的心理進行的實驗。」

在火星學會的這場競賽中，女媧進入前 20 名。祖布林沉思過後說，「這些隊伍努力界定一種更好的新生活方式，讓人類一起生活在別的星球上，這份努力所散發出來的理想主義是最讓我感動的。不可否認，這些團隊在具體細節方面沒有達成共識，而且他們的理念從籠統的社會民主派到自由派都有，可是他們全都有個共同點，就是對追尋更美好事物的熱情投入。還有什麼比這個更重要？」

史都華・克拉克（Stuart Clark）
天文學家兼記者，天文物理學博士。

譯者｜畢馨云

火星遊客見聞

2021 年底時，NASA 在地球上的工程師命令火星探測車好奇號使用車上的黑白相機拍下了兩張風景照：第一張在火星時間上午 8 點 30 分，第二張則是在下午 4 點 10 分。

火星上一天裡不同時段的光線可突顯出景觀中的獨有特徵，讓 NASA 的藝術家能夠掌握線索，好為影像上色。然後，這些特徵可拼接成一張影像，藍色調來自晨光，橙色調則是代表下午。

不過，好奇號可不只是去那裡觀光而已，這部火星探測車也被派去攀登高達五公里的夏普山（Mount Sharp）。自 2014 年以來，好奇號就一直在探索夏普山，照片中正是下山的景色。這附近的區域都位於 154 公里寬的盆地蓋爾撞擊坑裡，蓋爾坑係因古代隕石撞擊而形成，邊緣高達 2,286 公尺，令人頭暈目眩，於遠方的地平線上亦可瞧見。（黃妤萱譯）

安全著陸

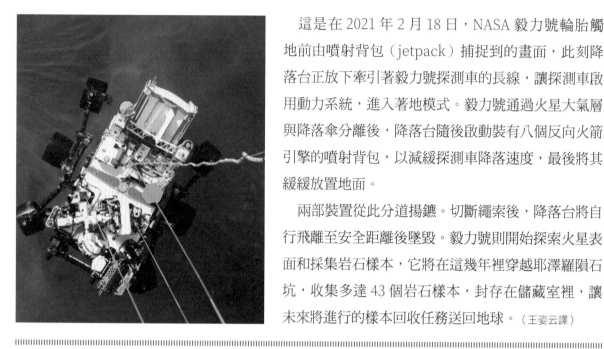

這是在 2021 年 2 月 18 日，NASA 毅力號輪胎觸地前由噴射背包（jetpack）捕捉到的畫面，此刻降落台正放下牽引著毅力號探測車的長線，讓探測車啟用動力系統，進入著地模式。毅力號通過火星大氣層與降落傘分離後，降落台隨後啟動裝有八個反向火箭引擎的噴射背包，以減緩探測車降落速度，最後將其緩緩放置地面。

兩部裝置從此分道揚鑣。切斷繩索後，降落台將自行飛離至安全距離後墜毀。毅力號則開始探索火星表面和採集岩石樣本，它將在這幾年裡穿越耶澤羅隕石坑，收集多達 43 個岩石樣本，封存在儲藏室裡，讓未來將進行的樣本回收任務送回地球。（王姿云譯）

成功起飛

2021 年 4 月，在毅力號的見證下，火星無人直升機機智號顫顫巍巍地自火星地表垂直起飛，攀升至離地約三公尺處，懸停約 40 秒後下降並安全著陸，完成人類首次在另一個星球上成功實現可控動力人造飛機的飛行試驗。機智號至今已陸續完成 20 多趟的飛行任務，總距離超過兩公里，同時也被用來在毅力號行動之前進行偵查，以先行指出任何潛在的危險或是令人感興趣的物體。

火星距離地球遙遠，訊號需要花費十幾分鐘才能傳回至 NASA 噴射推進實驗室控制中心，因此機智號必須獨自運用導航和控制系統以完成飛行任務。機智號還能進行水平橫向運動，並在飛行中拍下了耶澤羅隕石坑的一景。（王姿云譯）

CHAPTER 05

在太陽系裡走走

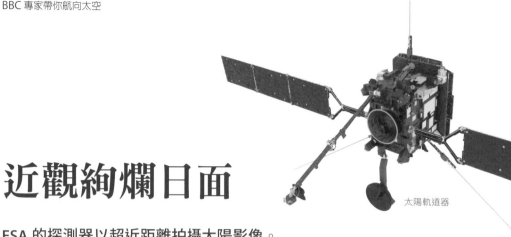

太陽軌道器

近觀絢爛日面

ESA 的探測器以超近距離拍攝太陽影像。

　　2020 年 2 月，擎天神五號火箭（Atlas V）運載著太陽軌道器（SolO），從美國佛羅里達州卡納維拉角發射升空。SolO 探測器攜帶了六具遙測望遠鏡和四架就地探測儀器，準備拍攝太陽並監測周圍環境。

　　這項計畫由 ESA 主導，NASA 協助，不久就因新冠疫情而遭逢挑戰。然而團隊在當年 6 月中旬宣布，探測器已準備展開科學工作，且不負眾望，於 7 月中旬發布這組照片，在距離太陽 7,700 萬公里外拍下當時最近距離拍攝的太陽影像。（畢馨云譯）

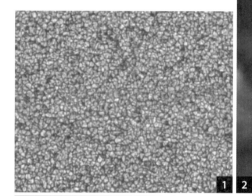

1 太陽的「粒狀組織圖樣」，由太陽表面下流動的高溫電漿造成。這張照片以偏振與日震成像儀（PHI）拍下。

2 由極紫外成像儀（EUI）拍攝的太陽快照，在這些波長下，日冕得以呈現，也就是太陽大氣的最外層。

3 用 EUI 拍到的太陽全貌，外圍日冕溫度可高達攝氏 100 萬度。

4 PHI 拍攝到的太陽可見光影像，就如我們肉眼看到的一樣。

5 用日冕儀（Metis）拍到的日冕，這種儀器能把太陽光擋住，讓日冕得以成像。在照片兩側，可以看到兩道明亮的「赤道冕流」。

NASA 太陽探測器 「觸碰」太陽

帕克太陽探測器的七年任務是要考察離我們最近的恆星其內部運作，
如今已完成部分任務。

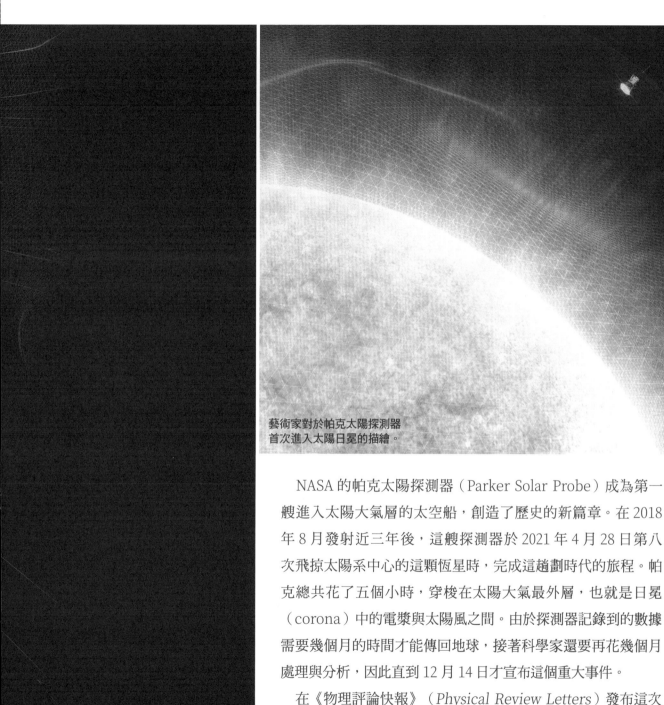

藝術家對於帕克太陽探測器
首次進入太陽日冕的描繪。

NASA 的帕克太陽探
測器是第一個和日冕
相遇的人造物體。

　　NASA 的帕克太陽探測器（Parker Solar Probe）成為第一
艘進入太陽大氣層的太空船，創造了歷史的新篇章。在 2018
年 8 月發射近三年後，這艘探測器於 2021 年 4 月 28 日第八
次飛掠太陽系中心的這顆恆星時，完成這趟劃時代的旅程。帕
克總共花了五個小時，穿梭在太陽大氣最外層，也就是日冕
（corona）中的電漿與太陽風之間。由於探測器記錄到的數據
需要幾個月的時間才能傳回地球，接著科學家還要再花幾個月
處理與分析，因此直到 12 月 14 日才宣布這個重大事件。

　　在《物理評論快報》（Physical Review Letters）發布這次
歷史性飛掠的主要作者，美國密西根大學氣候與太空科學及工
程學副教授賈斯丁・卡斯伯博士（Justin Kasper）評論道，
「我們一直非常期待有天會和日冕相遇，或至少是短暫的。但

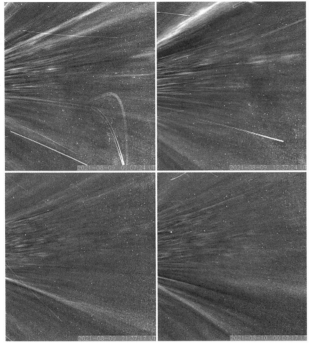

於上排兩圖中向上移動的亮線，以及下排兩圖中向下移動的亮線為帕克拍攝到的冕流。日冕中的這些磁「帶」通常要等到日食發生期間才看得見。

帕克太陽探測器

距離從太陽的可見表面開始算起

是我們已經抵達了，這很令人激動。這象徵著帕克任務達成了主要目標，開啟了認識日冕物理性質的新時代。」

帕克花了五個小時探索阿爾文臨界表面（Alfvén critical surface）這條界限以內的太陽大氣層，在這條界限，太陽的強大重力場和磁場不再強到能夠阻止太陽風向外逃逸到太陽系、地球甚至更遠的地方。在此期間，帕克總共在這條界限來回穿越三次。

美國約翰霍普金斯大學應用物理實驗室的帕克太陽探測器計畫科學家諾爾．拉瓦菲博士（Nour E Raouafi）說，「我們觀察了太陽及日冕幾十年，知道那邊進行著有趣的物理現象，會加熱和加速太陽風電漿，但無法精確說出那是什麼。現在帕克太陽探測器飛進了受磁場控制的日冕，我們終於有機會深入了解這個神祕區域的內部運作。」

在此之前，研究人員一直不確定阿爾文臨界表面的確切位置，根據帕克早先的觀測結果來看，它位於太陽表面上方約 1,300 萬公里處。資料顯示阿爾文臨界表面具有皺褶，且這些皺褶可能是偽冕流（pseudostreamer）所導致

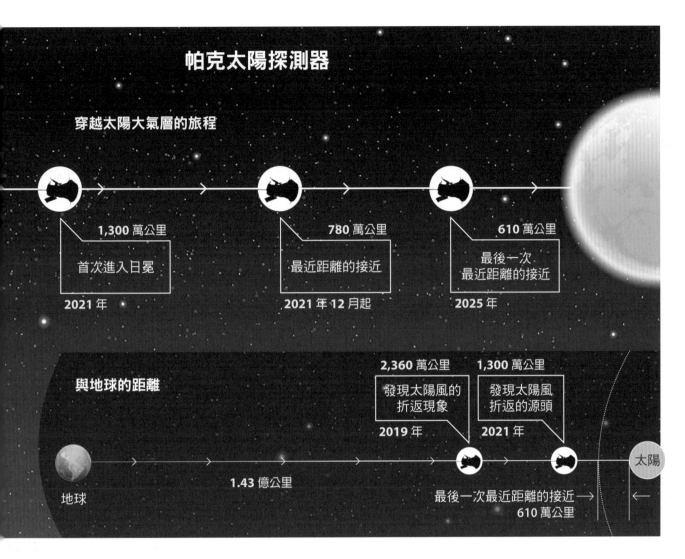

帕克太陽探測器

穿越太陽大氣層的旅程

1,300 萬公里
首次進入日冕
2021 年

780 萬公里
最近距離的接近
2021 年 12 月起

610 萬公里
最後一次
最近距離的接近
2025 年

與地球的距離

2,360 萬公里
發現太陽風的
折返現象
2019 年

1,300 萬公里
發現太陽風
折返的源頭
2021 年

地球

1.43 億公里

最後一次最近距離的接近→
610 萬公里

太陽

的。偽冕流是一種在太陽「表面」拱起的巨大磁結構，在日食發生期間可以從地球上看到。

首次通過日冕只是帕克預計完成的眾多目標之一，將來還會有更多次。研究人員希望這個探測器還會繼續朝向太陽盤旋，越靠越近，最後靠近到距離太陽「表面」不到 600 萬公里。

NASA 太陽物理學部門主任尼古拉·福克斯博士（Nicola Fox）說，「能看看帕克在未來幾年穿過日冕時會發現什麼讓我很興奮，發現新事物的機會是無邊無際的。」

日冕的大小也受太陽活動的影響。當太陽為期 11 年的活動週期達到最高峰，日冕也將膨脹擴大，就讓帕克太陽探測器更有機會在太陽大氣層逗留得更久。

卡斯伯說，「我們認為各種物理現象都有可能顯現出來，所以它是非常重要的探索區域。現在我們正要進入這裡，很希望開始看到其中一些物理現象和行為。」（畢馨云譯）

再訪金星

行星科學家保羅‧柏恩說他在等一個金星任務，結果一次來了三個。
無論有幾個，人類真的即將正式回頭探索金星了，

NASA 的「達文西＋」和「真理」，以及 ESA 的「展望號」等金星任務，最近都得到證實了。為什麼這件事這麼令人興奮？

首要的原因是，我們（美國）有一段時間沒去了。日本太空總署（JAXA）有破曉號（Akatsuki）軌道探測器，它於過去五年裡一直在關注金星的氣候與大氣層。金星軌道上也有 ESA 發送的太空探測器在研究金星。

金星曾經是行星探索的典型代表，因為它比火星更靠近地球，抵達那裡所需的時間比較少，最適合發射時機也更常出現。還有，從太空中看不到金星表面，因為它的厚厚大氣層擋住了可見光的波長，這代表我們長久以來對於金星有一些基本的問題。

另一個原因是什麼？

過去十年裡，大家越來越關注環繞太陽以外的其他恆星運行的系外行星。如今我們能夠探測的系外行星，傾向那些和地球、金星類似的行星，也就是繞行軌道靠近自己的恆星的岩質天體。這樣的行星比較常通過自己的恆星與我們之間，所以較容易看到。另外我們也有興趣知道，宇宙裡還有沒有其他和地球類似的行星？我們是獨一無二的嗎？

現在對行星半徑的解像能力，還無法分辨類似金星和類似地球的行星。當你看到關於「類地球天體」的報導，說是「類金星天體」也無妨，我們看不出差異。這就引出一個問題，如果發現了跟地球一樣大的天體，我們能夠合理猜測出它的物質環境嗎？能發現海洋、樹木和雲朵，還是只會發現像金星一樣的自動清潔烤爐？

為什麼我們一直沒有再去看看？

在金星表面工作就技術來說是極大的挑戰，這絕對是部分原因。在火星和月球上展開科學工作就比較容易，你可以登陸並工作很長一段時間，但在金星上不行。

不過在金星軌道上停留沒有問題，多久都可以。就目前所知，太陽系裡溫度與氣壓跟地球很像的唯一一個地方，是金星大氣層中大約 55 公里的高處，此處氣壓大約是 1 巴，溫度是攝氏 0 度。法國在 1985 年就隨著蘇聯的維加（Vega）任務，讓兩個氣球在金星上空 55 公里處飛行，在金星大氣層執行了大約兩天的任務。

所以我認為這不僅僅是困難而已，它的時機很有意思。1996 年，隕石 ALH84001 登上了新聞版面，它是 1984 年在南極洲發現的隕石，後來認定來自火星，科學家認為它可能含有火星的微生物化石。最後的壓倒性科學共識是，這些並不是外星生命的跡象，但那一刻把焦點馬上轉移到火星有可能適合居住，也可能有生命居住。這件事發生的時間和金星探測器

麥哲倫號（Magellan）結束全部任務差不多同時，當然無法幫助金星界保持熱度。不過，沒有具體的理由可解釋為什麼金星的科學價值比不上火星，我想很多科學家都會同意其實金星更有趣。

目前所知的金星表面是什麼模樣？

溫度大約攝氏 470 度，從兩極到赤道到處都是這種高溫，情況非常糟糕。你不會燒起來，但會覺得很熱。金星正是處在失控溫室的狀態中，而且大氣層中有 96.5％是二氧化碳，所以你很快會窒息而死。此外，金星表面的氣壓是 90 巴，相當於你待在地球上的海面下一公里處感受到的壓力。

金星還有一整片雲層，絕大多數是硫酸。我們判斷金星表面不會下雨，它太熱了，所以我們認為雲層底部有某種降水，但雨水從未到達地面。在穿越雲層時只需處理硫酸，其他都還好。

如果你想讓某個東西降落，主要的問題在於電子儀器。過去發送的登陸器，今天仍然會閒置在那裡，它們可能會風化，但本身是鈦球，所以不可能熔融，不過電子儀器會毀壞。

這些任務將協助解答哪些跟金星有關的基本問題？

為何體積、組成、年齡和軌道與地球如此相似的一顆行星，會跟地球這麼不同？你幾乎可以把一切事情擺在這個大問題下。

我們有兩個模型關於金星是如何形成的。第一個是：金星一直很糟糕。它是以我們所稱的「岩漿海階段」開始的，我們認為大多數的岩質行星都會經歷這個階段。初期的金星離太陽太近，降溫的時間無法長到讓水充分冷卻到足以形成覆蓋表面的海洋並形成地殼，所以只能留在滿是二氧化碳的大氣中。這表示金星進入失控的溫室效應（散失的熱能無法像增加的熱能一樣多），因此這顆行星從一開始就毀了。在這種情況下，金星為何這麼奇怪的答案純粹是它離太陽有多遠的結果。

第二個情境是，金星可能其實像地球一樣，有海洋和板塊構造。1970 和 1980 年代的金星任務中，最有趣的發現之一就和所謂的氘氫比（deuterium-hydrogen ratio）有關（氘是氫的一種同位素或類型，又稱重氫）。金星上的氘氫比大約是地球上的 100 倍，而最好的解釋是，金星在某個時候曾經有很多水，但現在沒有了。金星表面乾透了，這表示某個事件引起了這種失控的溫室效應。

這些探測器會怎麼提供解答？

達文西＋任務的主角是利用降落傘降落的金星探測器，它會從大約 60 公里的高空像自由落體一樣落到金星表面，並測量氘氫比。1970 和 1980 年代其測量結果的誤差槓非常大，從

達文西＋探測器在降落到金星表面的過程中，將拍攝一系列高解析度的影像。

此次任務測得的氘氫比將能得知過去金星上有多少水，但無法知道那些水處於什麼狀態。

金星上的水可能曾是占據在大氣層裡的高溫蒸氣，或是在溫和宜人的表面形成海洋的冷水。為了找出答案，必須測量現存的鈍氣，也就是氦、氖、氬、氪等氣體。這些氣體與金星內部的不同部分有關，如果檢查它們的濃度，就可以建構出一個模型，模擬從金星內部噴發出什麼物質，了解金星的歷史及金星上的水可能處於哪種狀態；如果金星上有水的話。

如果能確定哪一個情境是金星的真實狀況，是不是就會更了解地球有多麼獨一無二？

這正是它變有趣的地方。如果是第一種情況，金星一直非常熱，那麼事情就簡單些。我們可以看某顆行星跟它繞行的恆星距離多遠，然後說，「好，它在金星帶，它可能會毀滅。」接著就能檢驗一下。

如果是第二種，那就會有很大的影響。由 NASA 哥達德太空研究所的邁克‧韋伊（Michael Way）主導的研究工作已經建構出模型，顯示雲層可能曾讓金星在初期保持涼爽。在那之後，金星本來應該會保持穩定，但顯然出了什麼問題，而這正是模型中所顯示的，有某種東西迅速把一整團二氧化碳引進大氣中。我們所能想到能做到這件事的作用，就只有火山，而且要有很多火山，它們會把大量的二氧化碳排放到大氣中。雖然不像人類排放得那麼多，但若在地質學上很短的時間內，發生了夠多的大規模噴發，就有可能把夠多的二氧化碳拋向大氣層而引起氣候變化。這裡的重點是，我們不知道是什麼在驅動這些事件，不知道它們會不會周而復始，或是隨機發生。

若第二個情境正是金星的情況，那就讓人不禁想問：有幾座火山同時間爆發，然後走上這條不可逆轉的氣候變化之路，這很不幸嗎？或者說，在地球上還沒有發生這種事，算是幸運？說不定金星是「正常」的，而地球也許與眾不同。無論我們在金星上發現什麼，不但對理解地球本身的歷史與未來很重要，對於了解往後在其他恆星周圍看到的行星，也很重要。

我們對於站在金星表面的感覺會有新的領悟嗎？

達文西＋探測器選擇的降落地點，叫做阿爾法區（Alpha Regio）。在金星上的這塊土地被稱為鑲嵌地塊（tessera），這並非地質學術語，而是俄羅斯人在發現這個地形時的稱呼。金星表面大約有 7％ 看起來像是覆蓋在鑲嵌地塊之下，如果考慮到金星沒有海洋，這個比例算很多了。鑲嵌地塊似乎是板塊構造形成的，有許多沿著不同走向切出的裂縫以及褶皺，但我們不知道那是什麼，它跟太陽系裡的其他任何東西都不一樣。

在達文西＋落向金星表面時，它將會在設定

好的高度朝下拍攝一系列的影像。這些影像的解析度會是我們所見過最高的,可以放大縮小以了解結構。同時,真理(Veritas)探測器則會提供極高解析度的雷達數據,在某些地方可高達每像素 10 公尺,我們將看見想像不到會出現在那裡的東西。真理會讓我們把金星的結構、表面、內部甚至核心,弄得更清楚。

對於你這樣的行星科學家,下個十年是什麼模樣?

這些任務正代表金星探索第二個黃金時代的徵兆。我得確保這些不會是 NASA 決定在未來 30 年裡送往金星的唯二任務,這兩個任務解答不了所有的問題。不過,當達文西+抵達它的最終目的地(鑲嵌地塊)時,實際上可能就是在檢驗未來的登陸位置。

非常湊巧,有新的研究顯示,我們有可能用碳化矽做出電路接線、電晶體和電纜,而碳化矽在金星的高溫環境下可以運作得很愉快。所以我們有可能看到一個能在金星表面停留 60 到 120 天,而且實際上還能夠檢驗從金星表面採集來的樣本的太空站。

保羅・柏恩(Paul Byrne)
美國北卡羅來納州立大學行星科學副教授。研究工作包括利用遙測數據、建構模型及實驗室工作和實地考察,了解行星如何形成與演變。
譯者 | 畢馨云

遇見金星

JAXA 與 ESA 合作的貝皮可倫坡號(BepiColombo)水星探測太空船於 2018 年發射升空,承載著 ESA 的「水星行星軌道器」及 JAXA 的「水星磁層軌道器」。貝皮可倫坡號利用重力彈弓效應(gravitational slingshot),借金星的重力來助推加速,並在此過程中,於 2021 年 8 月拍下這張黑白的金星影像。

2025 年(預計)抵達水星後,貝皮可倫坡號將探測水星的表面、內部結構與磁場,希望有助於進一步了解其形成資訊。

木星衛星的冰層下有什麼？

ESA 的 JUICE 任務將一窺木星各衛星表面底下，
看看是否有生物生活在冰層下方的水中。

在鹹水海洋深處，海床已經裂開，來自下方地層的高熱氣體冒著泡泡進入水中，滋養了一群群微生物，這些微生物在遠離太陽照耀的表面深處勉力生活著。

這個畫面聽起來很像在地球的遼闊海洋深處，但其實說的可能是環繞木星運行的冰衛星木衛二（Europa）的景象。在即將啟程的木星冰衛星探測船（Jupiter Icy Moons Explorer，簡稱為 JUICE）任務中，我們或許有機會確切得知這些描述有幾分正確。天文生物學家致力於尋找地球以外的生命跡象，他們長久以來遵循一個簡單的原則：跟著水。這是因為在地球上，從最小的細菌到最大的藍鯨，所有生物都需要水才能生存。外星生物雖然可能不需要水，但尋找這種氫氧分子的結合仍然是不錯的切入點。

在尋找 H_2O 的過程中，許多行動投注在適居區裡。適居區是恆星周圍溫度正好適合液態水存在的狹窄環狀區域，地球即位於這樣的區域裡，所以地球上的水絕大部分不會結冰也不會沸騰。然而，適居區這個概念並不完整。英國公開大學天文生物學家馬克·福克斯－鮑威爾（Mark Fox-Powell）說，「外太陽系中至少有五個天體擁有地下海洋。」這些天體全都遠遠位於傳統適居區的外緣以外。其中三處海洋位於木星衛星的表面底下，分別是木衛二、木衛三（Ganymede）和木衛四（Callisto）。木星有自己的適居區，這些衛星需要的熱不是來自太陽，而是來自木星的重

木衛二的冰質地殼滿是傷痕和裂縫。紅棕色物質可能是鹽和硫的化合物，受放射線照射而變質。

力。重力使這些衛星像壁球一樣膨脹和收縮，從而提高溫度。

人類雖然已經前往木星系統探測多次，但這些衛星鮮少成為主要目標。福克斯－鮑威爾說，「我們前一次到那裡直接研究這些衛星是用 1990 年代的伽利略太空船。」主要重點通常是這個龐大行星本身，但這次的 JUICE 任務是專門前往這些冰衛星。

最周詳的計畫

JUICE 任務的核心是 ESA 建造的太空船。這艘太空船外型有點像巨大的鳥，太陽能板由

RIME 天線模型在荷蘭
的赫茲廠房進行測試。

主體兩側向外延伸。在木星上，日光強度只有地球上的 30 分之一，所以太陽能板必須相當龐大，總面積為 85 平方公尺，大約相當於半個排球場。直徑三公尺的天線能把 JUICE 蒐集到的資料傳回任務指揮中心，但這些資料需要傳送五億多公里才能到達地球，所需時間接近兩小時。

ESA 原先計畫於 2022 年讓 JUICE 發射升空，但因為新冠肺炎疫情而受阻。發射取消後，ESA 將全力加快步調，追回封城期間延宕的進度，同時進行最後準備，以便讓這項重大的發射任務於 2023 年重啟。

JUICE 原先的計畫是採取迴旋路線，飛掠通過地球、金星和火星五次，藉助這幾個行星的重力，把太空船甩向木星，這趟旅程預計將花費 7.5 年。ESA 尚未公開新時間表的確切細節，但 JUICE 應該會於 2030 年代初到達木星。到達之後，它將花費至少三年探索木衛二、木衛三和木衛四，接著 NASA 的木衛二快船（Europa Clipper）任務將與它會合。木衛二快船任務目前計畫於 2024 年發射升空，並於 2030 年 4 月到達木星。

到處都有水

人類很早就知道了這幾個衛星。義大利天

以 JUICE 太空船的簡化模型進行測試。

文學家伽利略於 17 世紀初首先發現全太陽系火山活動最劇烈的木衛一（Io），及木衛二、木衛三和木衛四，因此它們稱為伽利略衛星（Galilean moons）。在 JUICE 準備探索的三個衛星中，木衛二最受矚目。福克斯－鮑威爾說，「木衛二絕對是伽利略衛星的主角。」原因是它的冰質地殼下有一片海洋，水量超過全地球海洋、湖泊和河流的總和。若地球海洋能孕育生物，木衛二的海洋是否也有機會？

有一部分問題是這片海洋隱匿在厚厚的冰質表面下。福克斯－鮑威爾說，「我們無法直接接觸到它。」幸運的是，科學家認為冰質地殼和水有交互作用，有點像地球表面下的熔岩在火山活動中洩漏出來，「這表示我們可藉助表面物質間接研究海洋。」

我們甚至可以克服 JUICE 無法降落在木衛二的問題，來採集到這些物質的樣本。這艘太空船將載運微粒環境組合（PEP）等 10 部高精密度儀器到木星上。福克斯－鮑威爾說，「它的功能是研究從表面揚起的塵土和其他分子。如果這些物質來自海洋，就可能含有代表生命徵兆的分子。」

木衛二的海洋中如果有生物，必定需要能量來源。這些生物隱身在冰質地殼下，無法由太陽取得能量。福克斯－鮑威爾認為可能的選擇有兩個，木星的磁場使高能量粒子四散飛行，

因此環境中含有大量放射線,「出現在表面的海洋物質都會接觸到放射線。」如此將會改變冰的化學性質。另有個可能狀況是放射線使水分解成氫和氧,而氧或許會滲回下方的海洋,其他潛在的副產品包括含有硫元素的化合物,

「我們知道硫在地球上有助於微生物生長。」JUICE 可讓我們進一步了解海洋與表面的界線,以及這些狀況是否適合生物生活。

此外,生物也可能生活在海底。地球上有許多生物生活在完全沒有日光的海床,牠們的能

木衛二的冰質表面經常噴出來自地下海洋的水霧,如圖所示。

量來源是海底熱泉，也就是海洋與高熱地球內部界線上的縫隙。JUICE 有助於了解木衛二內部的地質活動程度。

天文遺跡

木衛二雖然最受大眾矚目，卻不是 JUICE 的主要目標。這次任務只會飛掠木衛二兩次，但會經過木衛四 12 次之多。木衛四是伽利略衛星中距離木星最遠的，所以受木星的重力和放射線影響最少。木衛二的表面經常因為冰層下的物質湧起而改變，木衛四則與它相反，而擁有全太陽系最古老的表面。它的表面數十億年來沒有改變，撞擊坑數量超過所有環繞太陽運行的天體。

天文學家推測，木衛四的古老表面下有一片 200 公里深的海洋。JUICE 的冰衛星探查雷達（RIME）將在這裡大展身手，它會發射無線電波，穿透伽利略衛星的冰質地殼，到達九公里深處。我們藉由反射回來的無線電波，應該能進一步得知這些衛星的內部結構。另一項工具是木星與伽利略衛星重力與地球物理儀（3GM）。這具儀器將測定木衛四和其他冰衛星的重力場，進而得知水等各物質層在衛星內部的分布狀況。

JUICE 本身也會藉助木衛四的力量。任務管制人員將利用木衛四的重力，使太空船的傾角增加約 30 度，以便更清楚地觀察木星的兩極區域，也就是木星強大磁場的來源。

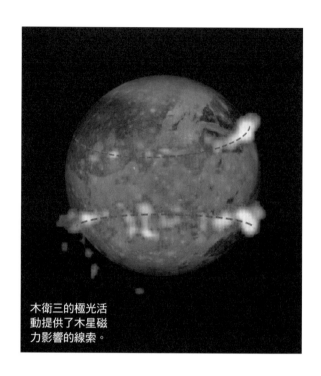

木衛三的極光活動提供了木星磁力影響的線索。

磁的吸引力

磁場是 JUICE 決定把最多時間花在木衛三的主要原因。除了 12 次飛掠，JUICE 還將環繞木衛三飛行，並停留八個月之久。這將是來自地球的太空船第一次環繞月球以外的其他衛星。

英國倫敦帝國學院教授米雪爾・多爾蒂（Michele Dougherty）表示，「木衛三是太陽系中最令人感興趣的天體。」首先，它比其他衛星更大，事實上也比矮行星冥王星和水星大。科學家認為它和木衛二一樣擁有地下海洋，含水量比地球總水量更多。

但最吸引人的地方是木衛三的磁場，它在太陽系所有衛星中的獨特之處是擁有自己的磁場。多爾蒂是 J-MAG 儀器的主要研究員。

J-MAG 是 JUICE 上負責測定磁場的儀器，位於 10.6 公尺長的桁架末端，以避免受到太空船的磁干擾。靈敏度超高的電子裝置位於鉛封外殼中，隔絕來自木星的放射線。

多爾蒂想詳細測量木衛三的磁場，包括它與木星本身磁場的交互作用。天文學家曾經使用哈伯太空望遠鏡觀測到木衛三的極光活動，由於地球南北兩極都可看到極光，木衛三的兩極受到木星磁力影響，應該也會出現極光。但如果沒有極光，代表木衛三的鹹水地下海洋具導電性，抵消了木星的磁力。研究木衛三的磁場將可提供進一步線索，了解這片海洋的大小和性質，同時協助我們了解這裡是否可能孕育外星生物。

然而要區別木衛三和木星的磁場相當不容易，尤其是木星對周邊衛星影響相當大。多爾蒂說，「這就像在大海裡撈針，而且它的規模、形狀和色彩一直在改變。」不過她相信她的研究團隊一定會成功。他們將趁飛掠時演練，真正重要的資料將在 JUICE 進入環繞木衛三的軌道時現身，「結果將十分了不起。」

衛星潛力雄厚

如果多爾蒂說的沒錯，這將成為這趟迂迴漫長之探索歷程的壓軸好戲。她曾經參與另一艘旗艦級太空船卡西尼號（Cassini）前往土星的任務，而 JUICE 計畫於 2008 年開始具體討論時，卡西尼號已經探索土星四年。那時最引人注意的衛星是土衛二（Enceladus），多爾蒂說，「我的研究團隊協助發現土衛二擁有大量水汽。」來自地下海洋的水噴到了太空中，表示傳統適居區外也可能發現液態水。

「土衛二上的發現告訴我們，值得將外行星的衛星作為目標一試。」進一步探索木星冰衛星的計畫很快就此成形。疫情中的某一天，實驗室全部關閉，多爾蒂的研究團隊在家中餐桌上製作 J-MAG 的零件，她說，「製作儀器的壓力很大，而疫情使壓力變得更大。」

研究團隊最後必須親手摧毀自己的辛苦結晶，使這項工作顯得更了不起。2034 年的某一天，太空船的推進燃料可能會用罄。沒有燃料，科學家也將無法控制它在木星系統中飛行，因此研究團隊必須沿用卡西尼號和水星傳信者號（MESSENGER）最後的處理方式：刻意使它墜毀。

JUICE 撞擊木衛三表面時，將進行最後一次實驗，觀察這個龐大衛星的成分。它探索木星冰衛星的工作會結束，但科學家將持續鑽研 JUICE 蒐集的寶貴資料很長一段時間。福克斯－鮑威爾說，「20 年後，我們對這些衛星的了解將大幅改觀。JUICE 將會掀起真正的革命。」它會告訴我們，在這個廣大又充滿驚奇的太陽系中，是否還有其他生物存在。

柯林·史都華（Colin Stuart）
天文學作家及講師。免費電子書下載，請造訪：colinstuart.net/ebook
譯者｜甘錫安

目　的　地
距離地球
2 到 **4**
天文單位
靈神星

探查金屬小行星：
靈神星

有個龐大的金屬小行星漂浮在火星外側。

這個小行星許久之前可能是行星的核心，遭到撞擊後變成碎片。

NASA 準備發射太空船探測這個小行星，但如果它真的是金屬，

卻可能引發更大的問題……

龐大、金屬又神祕。靈神星可說前所未見，可能蘊含著太陽系起源的線索。

想像一下有一塊體積比聖母峰大 25 倍的金屬，漂浮在太空中。覺得很難想像是什麼模樣嗎？不用擔心，大家都沒辦法想像，因為沒有人近距離看過這樣的東西。不過數年之後，答案即將揭曉。

NASA 的新太空船預定於 2026 年 1 月到達小行星靈神星（Psyche）。靈神星的名稱源自於希臘的靈魂女神，在 1852 年 3 月 17 日由義大利天文學家安尼巴雷・德・加斯帕里斯（Annibale de Gasparis）發現，是火星和木星間的小行星帶中數一數二大的天體。近代估計這個小行星約占主小行星帶中數百萬個小行星所有質量的 1%，但靈神星最特別的地方是它的成分。

靈神星直徑約 230 公里，形狀類似馬鈴薯，密度相當大，因此天文學家認為它的成分應該是金屬。此外，天文學家分析它表面反射的日光，尋找固態礦物的特徵時，卻未發現期望中的證據。

如果靈神星的成分真的如許多研究結論斷定的確實是金屬，那麼它可能蘊含了 46 億年前地球等行星形成的奧祕，破解這些祕密正是靈神星探查任務的主要目的。

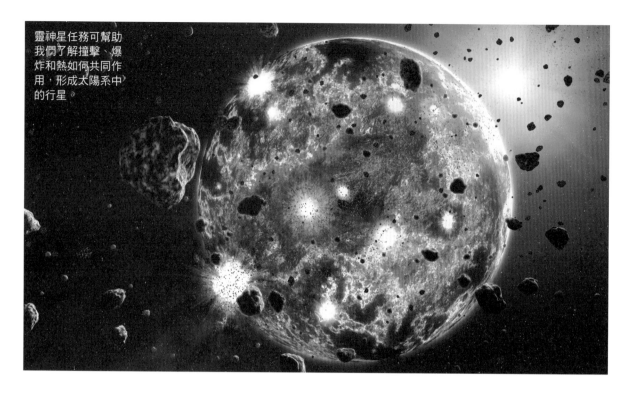

靈神星任務可幫助我們了解撞擊、爆炸和熱如何共同作用,形成太陽系中的行星。

原產地證明

天文學家轉而研究靈神星如何形成時,只知道一個地方可能會有這麼多金屬,這個地方就是地球、火星和內太陽系其他行星這些類地行星的核心。

如果我們能切開這些行星,就能看到核心是金屬,周圍是一層厚厚的矽酸鹽,稱為地函,更外圍是薄薄的固態地殼。地核的主要成分是鐵和鎳,地函的主成分是橄欖石,地殼則主要由玄武岩組成。形成這些層次的過程稱為分化(differentiation),可能發生在行星形成過程的最後階段,當時行星還處於熔融狀態。在這種狀態下,金屬等密度較大的物質會沉入中心,岩石等較輕的物質則浮到表面。

靈神星是否可能曾經是新生行星的核心,在太陽系誕生初期遭到撞擊而變成碎片?這次靈神星任務要研究的就是這點。此任務意義重大,因為如果確實如此,天文學家將有很多問題需要解釋。

西班牙加納利天文物理研究所小行星科學家及近地天體建模及防護酬載(NEO-MAPP)計畫成員茱莉亞・德・里昂博士(Julia de Leon)說,「這稱為地函消失問題。」

這個理論是這樣的:如果靈神星真的是某個行星的核心碎片,那麼其他碎片在

玄武岩表面的橄欖石晶體。

哪裡？太陽系中的小行星大多是未分化的原始天體，含有大量代表行星地函碎片的橄欖石小行星相當少。

而且不只如此，自古至今落在地球上的隕石中，大部份隕石的主要成分是鐵，同樣來自破碎行星的核心。但科學家分析隕石，尋找其他化學物質的蹤跡時，結果差異大得令人吃驚。

里昂說，「分析指出鐵質隕石可能來自至少 50 到 60 個核心。」就表面上看來，這代表太陽系形成時至少有 50 到 60 個行星被撞成碎片。但天文學家連證明一個行星曾經遭到撞擊的地函碎片都找不到，50 到 60 個顯然太多。這是靈神星任務必須解答的難題。

另一種解釋

這個任務的開端是 2011 年美國亞利桑那州立大學行星科學家琳迪・艾爾金斯－坦頓博士（Lindy Elkins-Tanton）在美洲月球及行星研討會上發表的演講，她和同事提出關於分化的新假設。她認為體積較小的小行星產生的熱可能足以引發熔化和分化，接近完整的行星則難以如此。

這個想法的關鍵是越來越多證據指出，恆星爆炸時會產生大量放射性同位素鋁 26。太陽系誕生時也出現這種物質，意味著太陽系形成之初，附近正好有恆星爆炸。史上第一批微行星（planetesimal）形成後，自然含有放射性鋁，放射性鋁和其他同位素一樣，衰變時會產生熱。這些熱使某些微行星內部熔化並開始分化，但艾爾

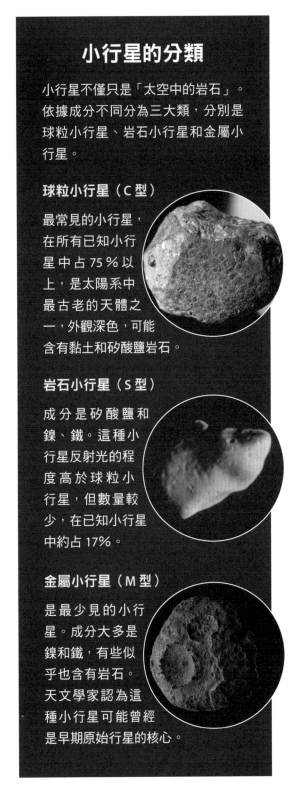

小行星的分類

小行星不僅只是「太空中的岩石」。依據成分不同分為三大類，分別是球粒小行星、岩石小行星和金屬小行星。

球粒小行星（C 型）

最常見的小行星，在所有已知小行星中占 75 % 以上，是太陽系中最古老的天體之一，外觀深色，可能含有黏土和矽酸鹽岩石。

岩石小行星（S 型）

成分是矽酸鹽和鎳、鐵。這種小行星反射光的程度高於球粒小行星，但數量較少，在已知小行星中約占 17%。

金屬小行星（M 型）

是最少見的小行星。成分大多是鎳和鐵，有些似乎也含有岩石。天文學家認為這種小行星可能曾經是早期原始行星的核心。

靈神星任務檔案

NASA 的靈神星任務目前預定於 2022 年發射升空。這個日期相當重要，因為任務需要火星重力輔助，把太空船帶到外太陽系，而火星和地球每兩年才成為一直線一次。

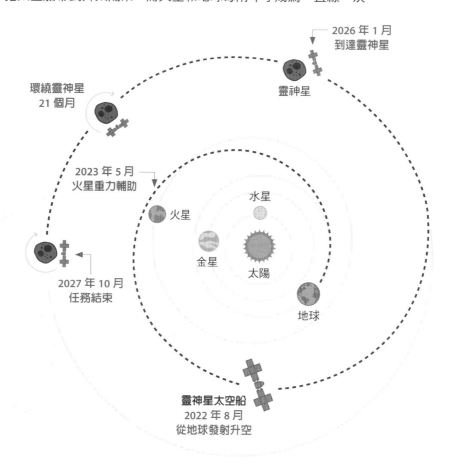

2022 年 8 月
預定發射升空

靈神星太空船將於 8 月的最適發射時段，以 SpaceX 的獵鷹重型火箭發射升空，進入前往火星的路線。

2023 年 5 月
火星重力輔助

到達火星後，靈神星太空船將飛掠過去。在這個過程中，太空船將獲得相當的環繞能量，協助它朝靈神星飛行。

2026 年 1 月
到達靈神星

歷經 100 天的飛行後，靈神星太空船將經由四個不同的軌道研究靈神星，每個軌道都比前一個軌道更接近。

2027 年 10 月
任務結束

太空船在環繞靈神星的軌道上進行 21 個月的密集科學任務，所有科學目標均已達成後，任務將會結束。

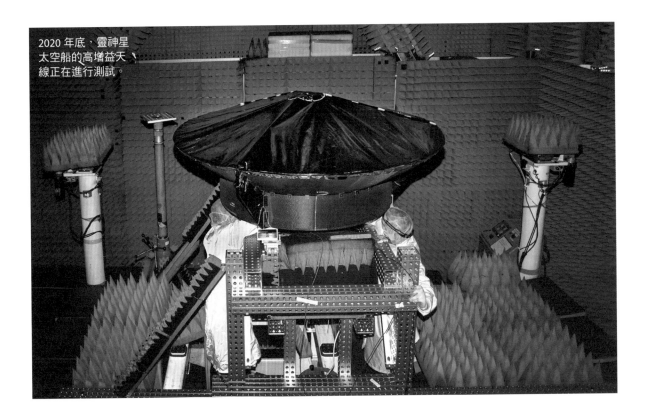

2020 年底，靈神星太空船的高增益天線正在進行測試。

金斯－坦頓指出，這些小行星可能沒有完全熔化，所以表面沒有分化。

因此，這些小行星後來遭到碰撞時露出鐵質核心，但周圍的岩石依然維持原始狀態，地函消失問題因此獲得解答。這個說法在研討會中引發一連串良性討論與出乎意料的提議。美國噴射推進實驗室（Jet Propulsion Laboratory）幾位科學家突然發電子郵件給她，說他們打算提案進行太空任務來驗證這個假設。艾爾金斯－坦頓說，「讓我們進入小行星帶，看看是否出現這個狀況，以及出現在什麼地方。」這個任務就此展開，艾爾金斯－坦頓成為總研究員。目前這個任務已經進入最後階段，預計 2022 年 8 月發射升空。

前所未見

這項任務使用許多科學儀器。多光譜成像儀（multispectral imager）可提供多種波長的高解析度影像，讓研究團隊識別及分辨靈神星表面露出的金屬和岩石。以往沒有人看過這類小行星，所以也沒有人知道它會是什麼樣子。

艾爾金斯－坦頓說，「我等不及看到靈神星表面的樣貌，可能會相當奇特怪異。我希望它看起來非常奇異。」影像可能會呈現出大片裸露的金屬。如果真是如此，其他小行星表面常見的隕石坑在這裡可能會顯得相當異乎尋常，因為金屬和岩石受到撞擊後的結果不同。她說，「我們預期會看到相當奇怪的形狀。」

美國約翰霍普金斯應用物理實驗室的工程師正在調整靈神星太空船的 γ 射線與中子光譜儀。

們在靈神星上發現很強的磁場，就能馬上確定它曾經是核心的一部分，並以這點為基礎繼續研究。所以能馬上確定將會非常棒。」

他們的工作當然十分艱鉅。他們不僅要研究靈神星的起源，嘗試解釋地函消失問題，而且還有一種隕石可能和靈神星來自同一個母天體。這種隕石稱為 CB 球粒隕石（chondrite），成分是比例相當高的金屬包裹著小塊岩石。有個說法認為，這類隕石是靈神星誕生時碰撞產生的飛濺「水花」。

靈神星任務將可協助我們精確地研究小行星帶，不僅能了解行星形成的過程，還能了解各種天體與特定事件，以及彼此間的關係，這點相當令人振奮。

這次任務另一項令人振奮之處是可能會有意料之外的發現。艾爾金斯－坦頓說，「雖然我經常這麼說，但我想補充一點，就是我現在說的一切很可能都是錯的。靈神星將讓我們感到驚奇，讓我們得到完全不同的答案。」當結果揭曉時，它可能是科學界最大的成就。

這類撞擊造成的粉末狀岩石稱為表岩屑（regolith），可能不會出現在靈神星上，因為目前不清楚金屬是否能形成表岩屑，這也使預測靈神星表面樣貌顯得格外困難。

除此之外，γ 射線與中子光譜儀也可測定靈神星表面的化學元素，讓我們估計它的整體化學組成。這項資料最讓里昂感到振奮，因為多光譜成像儀可以識別表面岩石和金屬，但光譜儀能判定金屬的組成和它經歷過哪些狀況。她說，「只有化學分析能得知這些資訊。」

接著還有磁強計（magnetometer），可偵測靈神星是否擁有磁場，對於了解它的過去相當重要，原因是熔化的鐵質核心就像發電機，能夠產生磁場。地球核心到現在仍是如此。當核心散發能量並逐漸凝固時，部份固態鐵會留下磁場的印記。艾爾金斯－坦頓說，「如果我

史都華‧克拉克（Stuart Clark）
天文學家兼記者，天文物理學博士。
譯者｜甘錫安

CHAPTER 06

外星生命在哪裡

黑洞周圍
是否存在生命？

關於外星生命的想像，

人們大多聚焦於適居帶內的行星。

如今研究指出，

黑洞附近也可能具備孕育生命的條件……

地球有麻煩了。垂死的作物與致命沙塵暴讓地球岌岌可危，人類亟需找到新的落腳處。由約瑟夫・庫珀（Joseph Cooper）領導的太空人們慷慨赴義，冒險衝進位於土星附近的蟲洞，結果出現在好幾光年外一顆繞行超大質量黑洞「巨人」的海洋星球，名叫「米勒行星」。這是 2014 年好萊塢鉅片《星際效應》（Interstellar）的情節，不過根據近期研究結果，這想法可能沒有那麼天馬行空。

天文學家尋找其他行星的能力，在最近四分之一個世紀內突飛猛進。我們如今已找到超過 4,000 顆系外行星，也就是在太陽系外環繞著遙遠恆星的行星。傳統上對於搜尋外星生命的人來說，要找的應該是地球 2.0，也就是跟我們一樣，以安全溫暖的距離繞行一顆跟太陽類似恆星的行星。只有在這樣的行星上，我們才能找到一樣生命之所需——水。

跟賦予生命的恆星相比，黑洞似乎是死亡與毀滅的代名詞。黑洞是巨大恆星死亡時所形成，其引力極強，如同一道巨大的宇宙暗門，一旦掉進去就會被撕個碎裂，完全沒有脫逃機會，看起來實在不像個孕育生命的理想地點。不過，這樣的想法是否忽略了什麼？

吸聚塵埃

在日本國家天文台（NAOJ）研究黑洞物理學的和田圭市就是這麼認為。他跟其他研究行星形成過程的同事合作，檢驗此想法是否有所根據，他說，「行星形成與黑洞這兩個領域天南地北，一般來說是風馬牛不相及。」他們一反常規，利用兩者的知識互補有無，做出了超大質量黑洞附近形成行星的理論模型，就如《星際效應》裡巨人黑洞那樣。

恆星重力一旦開始把塵埃聚集形成微小球體，它們就會彼此碰撞、逐漸變大，最後形成行星。和田圭市及團隊想知道黑洞附近是否也有這種現象，他們在 2019 年 11 月發表的模型指出，只要距離黑洞夠遠（至少 10 光年），重力環境就足夠穩定讓行星形成，好比繞行著類似太陽的恆星。「這是史上第一項研究，主張在超大質量黑洞附近有可能直接形成類似行星的星體。」和田圭市說，「我們預期，由於塵埃總量十分龐大，一個大質量黑洞附近會有超過 10,000 顆行星形成。」宇宙裡還真有不少未經探索的房地產！

雖然黑洞附近有可能形成行星，但可不保證它們具有適宜生命的環境。地球上的生物為了存活，極為倚賴太陽的光與溫暖，少了恆星光輝，黑洞附近的生命就可能需要另一種能量來源。幸好這件事不算難以克服，根據 NASA 的傑若米・史尼特曼博士（Jeremy Schnittman）的一篇論文，許多黑洞都具有

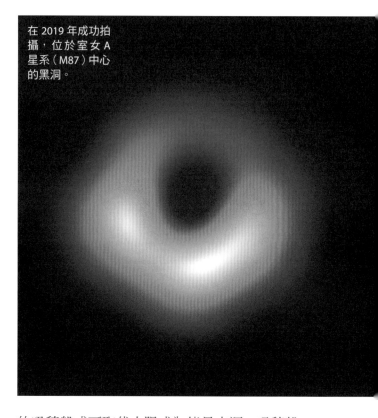

在 2019 年成功拍攝，位於室女 A 星系（M87）中心的黑洞。

的吸積盤或可取代太陽成為能量來源。吸積盤實際上是一條繞著黑洞的扁平物質帶，等著被吞噬；當物質旋入湮滅時，會一邊以極快的速度落入黑洞，一邊發散出大量能量，最終越過不歸點而消逝無蹤。史尼特曼說，「所有已知黑洞都具有吸積盤，而且十分明亮。」根據他的計算，只要把行星放在距離黑洞適當的位置，吸積盤看起來就會跟天上的太陽一樣大而亮，「非常類似我們所處的太陽系。」

這種行星的白天可能跟我們很像，不過夜空可就全然不同了。超大質量黑洞通常位在各星系中央，周圍擠滿一堆恆星，據史尼特曼所言，那兒的夜空可能會比地球上明亮 10 萬倍。但那些星星並非乾淨整齊地點綴在天上，

藝術家筆下 M87 星系黑洞周圍的吸積盤俯瞰圖。

黑洞的重力會把行星加速到極快，因此所有星光看起來都像是源自眼前一個比太陽還要小的點。「就好像在雨中開車一樣。」史尼特曼說。就想像在科幻電影中，太空船進入曲速時的特效吧，「那看起來肯定很壯觀。」

不過若由吸積盤負責提供熱能，會產生一個問題。「吸積盤發出的紫外線跟 X 光輻射比太陽多很多。」史尼特曼表示，那可能會把原本適居的行星變成不毛之地，「因此需要厚重雲狀的大氣來阻隔這些輻射。」以我們對其他已發現的系外行星的了解，這並非不可能，「厚重又雲霧瀰漫的大氣，似乎還蠻常見的。」一顆有著如地球上溼熱天氣的行星，可能就是解決方法。

聚焦溫暖

考量到這些危險和侷限，要讓黑洞附近的行星變得暖和，或許有個更安全的辦法，也就是取用大霹靂殘留的能量。天文學家把這股能量稱為「宇宙微波背景輻射」（CMB），是在宇宙形成 38 萬年後釋放到宇宙裡的輻射。根據捷克西利西亞大學帕維爾·巴卡拉博士（Pavel Bakala）所言，藉著重力透鏡效應，宇宙微波背景輻射或可取代恆星發熱。黑洞由於質量極大，會使周圍空間扭曲，程度大到可產生透鏡效果，就像用放大鏡聚焦陽光、點燃樹枝一樣，黑洞的極大重力也可以把宇宙微波背景輻射的能量聚焦到環繞黑洞的行星上。不過光這樣還不夠，巴卡拉指出，由於地球自轉的緣故，我們在地球上會經歷日夜週期循環，「這有助於地球各處的能量循環。」一顆行星是否適居，有夜間可供喘息就跟有日間光輝一樣重要。

針對這個問題，巴卡拉也有解方，那就是黑洞的陰影。光線在通過黑洞周圍極度扭曲的空間時，會形成一個環，環的內側就會形成黑暗的陰影區。2019 年 4 月，科學家用事件視界望遠鏡（EHT）拍下如今聲名大噪的黑洞照片，當中就可以看到這塊陰影。行經這區時，行星就會進入夜間，「這麼一來就非常類似我們在地球上的經驗。」巴卡拉說。

然而，並非每個黑洞都適合形成適居行星。「我們需要一個旋轉非常快速、幾乎接近光速

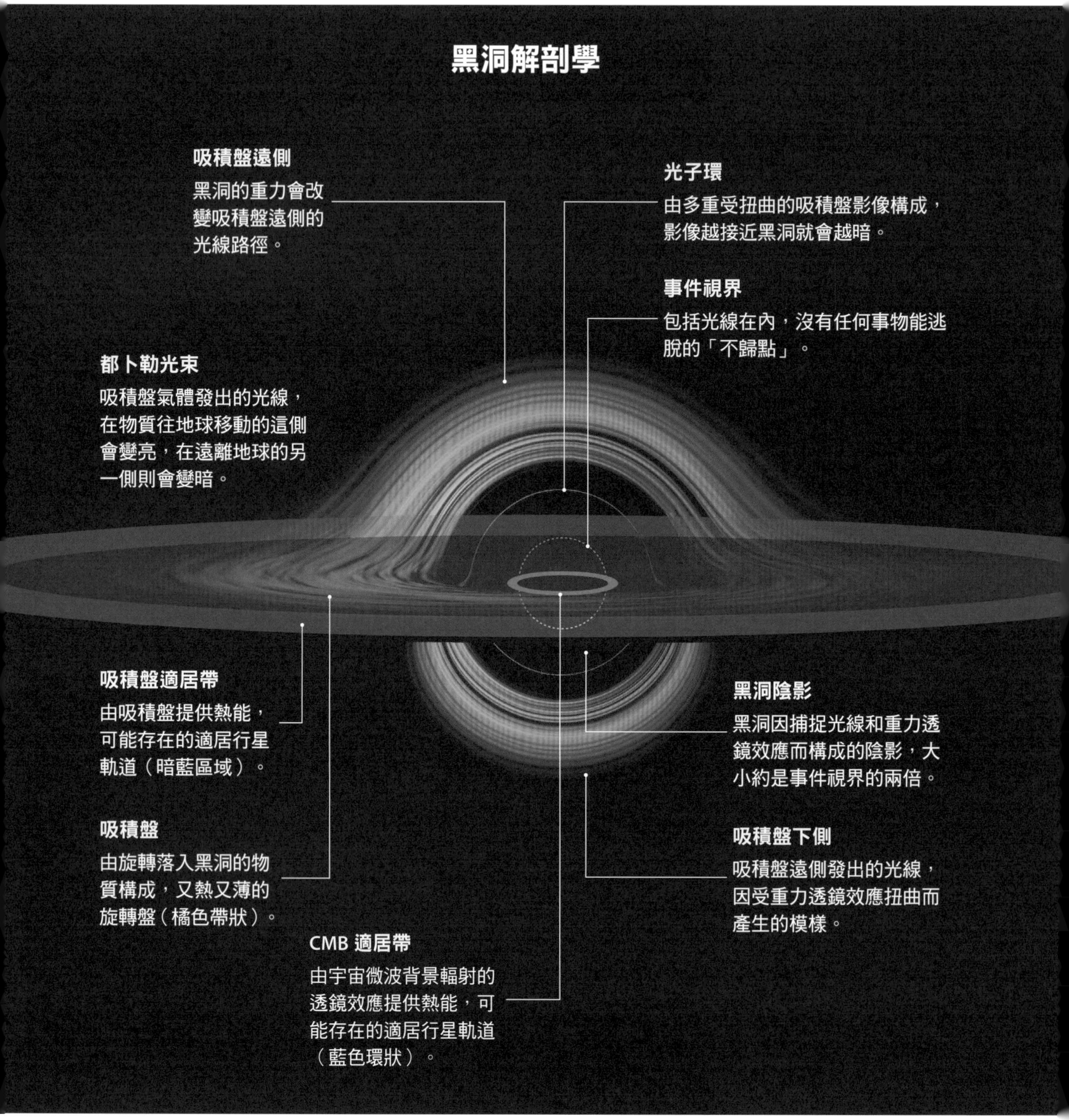

黑洞解剖學

吸積盤遠側

黑洞的重力會改變吸積盤遠側的光線路徑。

光子環

由多重受扭曲的吸積盤影像構成，影像越接近黑洞就會越暗。

事件視界

包括光線在內，沒有任何事物能逃脫的「不歸點」。

都卜勒光束

吸積盤氣體發出的光線，在物質往地球移動的這側會變亮，在遠離地球的另一側則會變暗。

吸積盤適居帶

由吸積盤提供熱能，可能存在的適居行星軌道（暗藍區域）。

吸積盤

由旋轉落入黑洞的物質構成，又熱又薄的旋轉盤（橘色帶狀）。

黑洞陰影

黑洞因捕捉光線和重力透鏡效應而構成的陰影，大小約是事件視界的兩倍。

吸積盤下側

吸積盤遠側發出的光線，因受重力透鏡效應扭曲而產生的模樣。

CMB 適居帶

由宇宙微波背景輻射的透鏡效應提供熱能，可能存在的適居行星軌道（藍色環狀）。

大霹靂殘留下來的宇宙微波背景輻射，由普朗克衛星所拍攝。黑洞可聚焦此輻射能量，發揮類似恆星的作用。

的黑洞。」巴拉卡說。那是因為黑洞的轉速越慢，就必須離它越遠才能產生穩定的繞行軌道，要是跑得太遠，就無法產生由宇宙微波背景輻射及黑洞陰影所形成的日夜循環。這並非絕無可能，尤其對古老的黑洞而言；黑洞年齡越大，它吞噬一切時得加速的可能性就越大。

在評估黑洞周圍行星是否可能存在生命時，年齡並不是唯一與時間有關的變數。黑洞本身會跟時間有所糾葛，根據愛因斯坦的廣義相對論，時間與空間會交織成時空結構，也就是著名的時空連續統（space-time continuum）。因此黑洞不但會扭曲其周圍空間，也會扭曲時間，「時間在黑洞附近會放慢1,000倍。」巴卡拉說。這意味著在地球上過了1,000天，黑洞行星上僅只過了一天，這個「時間擴張」效應構成了《星際效應》一大劇情點：米勒行星上才經過一小時，地球上已經過了七年。

地球生命出現得相對較早，約在行星誕生後五億年就開始有生命形成。黑洞行星要經過五億年，宇宙就必須有5,000億年的歷史，但事實上宇宙形成不過是140億年前的事。若現實世界裡的米勒行星要出現生命，就得比地球上的時間進展快非常多。

搖擺波動

據義大利教育大學研究部（MIUR）羅倫佐・伊歐利歐博士（Lorenzo Iorio），黑洞行星上的生命還得應付另一個由廣義相對論造成、相當於「重力怪獸」的嚴苛環境。黑洞會對行星傾角造成嚴重影響，也就是行星的旋轉軸偏離垂直的度數。地球的傾角目前剛好超過23度，是由於這個傾斜度，我們才有季節變

ESA 開路者號（Pathfinder）示意圖，為 2034 年計劃發射的 LISA 重力波偵測任務先行鋪路。重力波是能量行進過程中在時空中形成的漣漪，可藉此偵測黑洞存在。

化：朝太陽傾斜時是夏天，往太陽反方向傾斜則是冬天。由於受到鄰近行星的重力牽引，這個傾斜度會以 41,000 年為一週期，在 22.1 到 24.5 度之間變化；這個變化量就週期長度來說相對較小，因此我們擁有穩定的季節變化，且轉換時溫度變化很小。

相較之下，黑洞行星在行經黑洞周圍的扭曲空間時，傾角就相當不穩定。伊歐利歐表示，「短短 400 年間，傾角可能會產生數十度的變化。」他首度將廣義相對論在這方面的影響納入考量。「這對黑洞行星能否產生穩定生命型態、能否形成文明並成長茁壯，會造成有害影響。」

除非真的找到環繞黑洞的行星，否則這一切討論都不具意義，幸好一項即將進行的太空任務可擔負起這項工作。ESA 打算在 2034 年發射一具敏感度極高的重力波偵測器，名為「雷射干涉太空天線」（LISA）。重力波是因星體移動而對時空造成擾動所產生的漣漪，史尼特曼說，「LISA 的敏感度足以偵測到銀河系內大小跟地球一樣的黑洞行星，若這顆行星跟木星一樣大，甚至可在 1,000 倍以外的距離找到它。」這麼一來，我們就可以多搜尋約 50 個鄰近星系，包括仙女座星系和三角座星系。也許屆時終可揭曉，科幻故事裡那些暗無天日、星光寂然的行星是否真的存在。

柯林・史都華（Colin Stuart）
天文學作家及講師。免費電子書下載，請造訪：colinstuart.net/ebook
譯者｜高英哲

該向太空發射
人類訊號嗎？

距離發送阿雷西博訊息已過了將近 50 年。

METI 主席道格拉斯・凡柯要談談如何讓外星文明得知地球生命存在？

或者，我們應該這麼做嗎？

METI 都在做些什麼？

外星智慧生命傳訊研究組織（Messaging Extraterrestrial Intelligence，簡稱 METI）是搜尋地外文明計畫（SETI）的相反。SETI 為了尋找外星智慧生命，會監聽來自宇宙的無線電訊號或雷射信號，METI 則反其道而行，並不監聽訊號，而是刻意發送強力訊號到鄰近恆星，希望得到回應。

為什麼想發送訊號？這怎麼幫助我們找到外星生命？

我很擔心的一件事，就是宇宙中可能存在許多其他文明，跟我們一樣有運作良好的 SETI 計畫，都在監聽外太空訊號，但沒有人主動打招呼。所以發送訊號這件事，就是為了努力參與星系對話。

我們過去曾發送過這類訊息嗎？

人類過去零星發送過幾次訊息，最有名的一則由波多黎各的阿雷西博望遠鏡（Arecibo Radio Telescope）在 1974 年發送，那是當時世上最大的電波望遠鏡。為了向外星智慧生物和自己證明人類辦得到，我們於是往宇宙發送了一則三分鐘長的短訊。

這則訊息以二進位格式寫出數字 1 到 10，

以及對地球生命極為重要的化學元素原子序。另外還有人類的 DNA、長相、身高、地球人口數、太陽系和這架望遠鏡是什麼模樣。短短三分鐘塞了這麼多內容，算是頗有野心吧。

METI 採取的方式則不太一樣。與其包山包海，還不如簡單扼要來得好，那種包羅萬象的訊息對方可能根本讀不懂。因此我們採取截然不同的策略：比起一本厚厚的百科全書，我們決定改送一本入門讀物，鎖定對象是外星人中的科學家。

位在波多黎各的阿雷西博無線電望遠鏡，曾於 1974 年向外太空發送人類相關訊息。

外星人可能接收到阿雷西博訊息嗎？三分鐘的訊息其實稍縱即逝。

的確。那則訊息沒有遵循 SETI 科學家在地球上的協議，沒有經過縝密規劃，而且一次性的訊息其實並不足夠。另一大問題是，就算對方偵測到它並捎來回覆，我們也得等上五萬年才能收到。再者，阿雷西博望遠鏡裝設於地表，只能鎖定上下約 10 度的範圍，問題來了：望遠鏡上方大概是什麼地方？大名鼎鼎的球狀星團 M13 當時正處於接收範圍，但距離有 2.5 萬光年之遠。所以說，我們當然有進步空間。

2017 年，METI 第一次發送訊息是給了魯坦星，距離只有約 12 光年。我們的無線電發射機設在挪威北部，它是我們能鎖定最接近的恆星，且已知有顆系外行星在它的適居帶繞行。我們反覆發送了三次訊息。

METI 是想要發送特定訊息，或者只為了詔告天下「我們在這」？

我們想發送許多不同訊息。阿雷西博訊息有個特色是圖案很多，包括人類外貌、太陽系示意圖，還有人類 DNA 分子的雙股螺旋形狀。但如果外星生命是盲人怎麼辦？因此我們發送到魯坦星的訊息是專門為盲眼外星人所設計，希望有所突破。

視覺的發生存在眾多論述，有一說是它在地球上獨立演化了 40 次。如果生存環境陽光普照，我們知道視力非常好用，但要是伸手不見

費米質疑為何外星生物存在機率明明如此之高，相關證據卻付之闕如。

五指，那視力也就無用武之地；外星星球或許就是如此。

有鑑於此，這些無線電訊號的設計方式，是希望傳達最基本的資訊給另一顆星球的物理學家。只要對方接收到這個資訊，就可以直接了解我們給予他的東西，也就是無線電訊號本身。我們發送時間長短不同的脈波來表達「時間」的概念，也發送頻率各異的訊號來傳達「頻率」這個概念。

那麼未來所有訊息的重點都會是無線電波嗎？當然不是，我們也以無線電波作為基礎，研擬各式各樣其他訊息。

有人認為發送訊號給未知的外星生命是危險舉動。你覺得呢？

我想這些人都忽略了一件事：大家所擔心的外星生命，其實早就知道地球存在。要是把目前的無線電技術水準往前推展個 200 或 300 年，將足以在 500 光年遠的地方辨別出 BBC 電台以光速發送的訊號。目前為止，就算有另一顆「地球」發出與我們類似的訊號，不管是自然輻射還是電視、無線電洩漏出的輻射，我們也沒辦法偵測到它。但這沒關係，我們也沒有曲速引擎，沒法前往另一顆恆星，換句話說算不上是威脅。只要對方發展得稍微先進一點，早該知道我們在這了。

世界上要擔心的事可多了。核子戰爭、全球暖化，若能少一件足以威脅人類生存的事該有多好。我也希望要是沒有正當發出這些訊息，世界可以變得更安全，但事實並非如此。宇宙裡如果另有文明存在，他們早知道我們在這了。在我們發出無線電訊號前，他們已有 20 億年時間觀察地球大氣的變化，並判斷上頭有複雜生命存在。

所以，如果他們早已知道人類存在，那發送訊號的意義何在？

METI 的目的不是要讓外星人首次知道「地球上有人類」，這對他們多半不算新聞。我們是要探討義大利裔物理學家恩里科‧費米

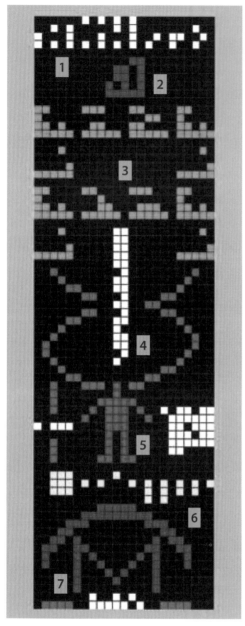

阿雷西博訊號解譯後的大致模樣。
1 以二進位格式寫成的數字 1 到 10
2 氫、碳、氮、氧、磷等構成人類 DNA 的化
　學元素原子序
3 人類 DNA 的核苷酸
4 人類 DNA 的雙股螺旋結構
5 人類外表、身高及人口數量
6 太陽系
7 阿雷西博望遠鏡本身模樣

1950 年拋出的問題：如果外星人存在，那他們在哪裡？這就是所謂的「費米悖論」。

有人針對費米悖論提出「動物園假說」，那是真正啟發 METI 對外發送訊號的關鍵。想像我們一起到動物園看斑馬，一陣子後準備往前去看其他動物，但這時有隻斑馬突然轉過身來，直盯著我們看，並用雙蹄規律地打出一連串質數。我不知道你會作何反應，也許會繼續往前走，但我可要待下來看看牠是怎麼回事。這麼一來，我跟牠就會建立起完全迥異的關係。我們早知道斑馬在那，只是先前牠沒有特別引人注意，而且似乎也沒意思跟我們互動。

這就是 METI 想達成的目標，可視為我們想跟其他外星文明進行聯繫，對方雖已知道我們的存在，但我們要告訴對方，我們不但在這裡，還想有所接觸。

在你看來，發送訊息真的有可能得到外星文明的回覆嗎？

如果我們願意耐心以待，我認為很可能達到這個目標。這是關鍵所在。我們在 2017 年送了一則訊息到魯坦星，但我會滿心焦急地等待 2042 年收到回覆嗎？不。我當然會仔細監聽一切訊號，但不覺得這次成功率很高。不過只要重複實驗一百次、一千次，甚至一百萬次，我想機會確實存在。

道格拉斯‧凡柯（Douglas Vakoch）
太空生物學家和外星生物研究者，心理學家以及國際太空法律學會選任成員，現任 METI 主席。

譯者｜吳侑達　台灣大學翻譯碩士學位學程筆譯組畢。

由 TESS 觀測任務發現的第一顆系外適居行星

2020 年 1 月，由 NASA 執行的「凌日系外行星巡天衛星」（Transiting Exoplanet Survey Satellite，簡稱為 TESS）任務首次在一顆恆星的適居帶中發現了可能適宜居住的行星。

整個銀河系中，學者已找到幾顆可能適宜居住且與地球一般大的行星，而這顆行星位於恆星 TOI 700 最外圍軌道，因此命名為「TOI 700d」。它比地球大 20％左右，軌道週期為 37 天，從母恆星接收到的能量約為太陽提供給地球的 86％。TOI 700 則是一顆位於劍魚座（南天星座之一）的低溫小型矮星，距離地球 100 光年，質量和體積大概是太陽的 40％，表面溫度約是太陽一半。

NASA 天文物理部主任保羅·赫茨博士（Paul Hertz）表示，「設計並發射 TESS 的目的，就是為了搜尋繞行鄰近恆星、大小與地球相當的行星。不論在太空中還是地面，鄰近恆星周圍的行星最容易用大型望遠鏡來追蹤。找到 TOI 700d 對 TESS 來說是很關鍵的科學發現，此外我們也用史匹哲太空望遠鏡（SST）確認了這顆行星的大小和適居帶狀態，這是它在 2020 年 1 月退役前

類地系外行星 TOI 700d 假想圖。

的一項勝利。」

TESS 一次會觀測天空中一個扇形區塊，稱做「天區」（sector），每次觀測 27 天。透過這麼長時間的觀測，衛星能監測一顆恆星因為行星由我們視角前方通過而產生的亮度變化，這個現象稱為「凌星」（transit）。

雖然 TOI 700d 的確切環境仍是個謎，不過 NASA 哥達德太空飛行中心的團隊利用已知資訊，建立了一系列電腦模型並進行預測，如行星大小和它所繞行的恆星類型。其中一個版本呈現出由海洋包覆的世界，周圍有濃密大氣層，主要成分為二氧化碳，和科學家對早期火星大氣的猜測類似。在另一個模型中，TOI 700d 就像個現代地球，只不過晴朗無雲，全為陸地。

領導電腦模型團隊的嘉布麗兒·恩格爾曼－蘇伊沙（Gabrielle Engelmann-Suissa）說，「這很令人興奮，不管我們對那顆行星有什麼了解，看起來都與地球完全不一樣。」（畢馨云譯）

只有人類
獨行宇宙中嗎？

如果我們尋找的不是生物跡象，而是更為熟悉的地外文明，

會有什麼情況？

　　亞瑟‧克拉克（Arthur C Clarke）1973 年獲星雲獎的小說《拉瑪任務》
（*Rendezvous With Rama*）中，有艘 50 公里長的神祕圓筒狀太空船闖入太
陽系，在它飛出太陽系，消失在星際太空的黑暗中之前，進行攔截和研究的太
空任務展開了。

　　值得注意的是，科幻小說現在正在變成科學事實。美國哈佛大學天文物理學
家阿維‧羅布教授（Avi Loeb）認為，在 2017 年飛過太陽系的神祕星際天體
斥候星（'Oumuamua），可能是很像拉瑪的外星人造物。但羅布是科學家而
不是科幻作家，所以想要實際的數據，「考慮到這一點，我就策劃了伽利略計
畫（Galileo Project），它的目標是掃視天際，尋找下一個斥候星，然後派遣
太空任務從它近旁飛掠，拍攝影像。」

　　以羅布為首，參與伽利略計畫的科學家有 100 多位，他們正在把搜尋地外文
明（SETI）的重點，從尋找外星生物跡象或電磁訊號，巧妙轉移成搜尋象徵外
星應用技術的目標。羅布認為，早就該做這種改變了。

泛星計畫望遠鏡在 2017 年發現了斥候星，它是已知第一個造訪我們太陽系的星際天體。

「70 年來我們都找錯了對象。」羅布說道，暗指天文學家花了 70 多年，一直在尋找來自銀河系的智慧生物無線電訊號，「那種搜索是基於外星人透過無線電波通訊的假設，這項技術我們已經用了一個多世紀，先進的外星人可能老早就棄之不用了。我認為更好的策略是尋找人造物：外星科技。」

並不是每個人都同意 SETI 的重點做這種轉變。美國賓夕法尼亞州州立大學天文學家兼天文物理學家傑森‧萊特教授（Jason Wright）說，「我同意所謂的 SETI 人造物最近好像變得更流行了，不過進行中的搜尋很少。」

羅布說，尋找人造物的最佳地點就是太陽系，相當於我們的「信箱」，裡面能夠堆積45.5 億年的外太空「包裹」。

拳頭岩塊和巨石

外星應用技術可能會出現在我們的後院，不論是有意安排還是機緣巧合。烏克蘭哈爾基夫的無線電天文學研究所的亞雷克西‧亞齊帕夫博士（Alexey Arkhipov）在 1996 年指出，我們自己的太空技術碎片會無可避免的因為碰撞、爆炸等事件彈出太陽系，同樣的事情應該也會反過來發生，使來自外星航太文明的物質最後落入太陽系。亞齊帕夫估計，有1%的鄰近恆星擁有技術文明，而且自古以來它們把本身小行星上1%的物質變成地外「消費品」，因此他推斷，地球歷史上可能已經累積了大約4,000 件比拳頭稍大的地外人造物。

地球上的天氣和地質活動會重新塑造地表，所以不管什麼外星人造物都很難找到。但太陽系裡的其他天體，譬如月球，其表面不會改

《2001 太空漫遊》中，某個外星文明把巨石板放在月球上，當智慧生命演化出來時會發出警報。

變，應該比較有可能找到一些東西。羅布說，「月球就像個博物館，我們應該在它的表面搜索我們沒有送上太空的設備。」

這不禁讓人聯想起克拉克另一篇故事的電影版《2001 太空漫遊》（2001: A Space Odyssey）中，一塊從月球的第谷坑（Tycho Crater）內挖出來的外星巨石板。好幾百萬年前穿越太陽系的外星人所留下的這塊巨石是個「嬰兒警報裝置」，當來自太陽第三顆行星上的生命從地面搖籃裡出現，越過太空灣到達月球時，它就會通知製造者。羅布說自己並不喜歡科幻小說，儘管如此，像克拉克這樣的小說家已經涉足這類主題了。

辨認出外星技術產物或許不是很容易。從演化的角度來看，外星文明可能離我們很遠，就像我們跟螞蟻甚至細菌相差得那麼遠。然而羅布說，如果史前穴居人拿起手機，他會知道

它跟石塊不一樣，雖然用途神祕難解，「同樣的，我們應該尋找跟石塊不一樣的東西。」他所指的不單單是在太陽系天體的表面上，還指要在行星之間的空間裡尋找。

斥候星的問題

2017 年年底，美國夏威夷哈里亞卡拉天文台的泛星計畫（Pan-STARRS，全名為全景巡天望遠鏡和快速反應系統）發現了斥候星。人們很快就辨認出這個天體行進得非常快，太陽的重力沒辦法困住它。斥候星反射出來的光量變化很大，顯示它有個極端的形態，很可能是跟足球場一般大的扁平煎餅狀。

斥候星最異乎尋常的特色是其移動方式，

羅布成立伽利略計畫，想搜尋下一個斥候星，並從它附近飛掠，拍攝影像。

位在夏威夷的泛星計畫望遠鏡大部分時候都在尋找近地天體。

OSIRIS-REx 前往小行星貝努採集樣本並帶回地球。羅布主張,類似的技術可用來登陸第二個斥候星。

它不像只受太陽重力影響的天體,彷彿有什麼力道把它推離太陽。彗星內部的物質會受熱揮發,變成氣體散發出去,就像火箭排氣的作用一樣,會把彗星推往相反的方向。但羅布說,斥候星並沒顯現有物質噴出的跡象。然而其他人認為不可能排除這種可能性。英國牛津大學的天文學家克里斯 · 林托特教授(Chris Lintott)說,「解釋加速現象所需的釋氣量太少,偵測不到。」他還指出,長期以來有些觀測結果曾宣稱是外星人的證據,到後來才證明是自然界的天體。舉例來說,由於火衛一和火衛二密度較低,因此曾有人認為火星的這兩顆衛星是空心的。

有個像斥候星這樣來自太陽系外的天體存在,暗示著應該還有其他類似的天體。2020年 9 月,泛星計畫發現了近地天體 2020 SO。

和斥候星一樣,它正被推離太陽,卻沒有明顯的彗星釋氣。不過,天文學家穿越時空追蹤它的軌道,卻發現它來自的智慧文明居然是……我們自己!2020 SO 正是 1966 年把 NASA 的測量員二號(Surveyor 2)登陸器推向月球之半人馬座火箭的廢棄助推火箭。

想也知道,羅布提出斥候星是外星人造物的說法很有爭議。天文學家很願意提出前所未見的奇特東西,如氫冰山、冰凍氮氣碎片或比空氣稀薄 100 倍的塵埃顆粒雲,卻對斥候星可能來自外星文明的聯想很不高興,這點讓羅布感到奇怪,他表示,「有位天文學家甚至說,『斥候星太古怪了,我真希望它不存在。』同時我也納悶,是誰打造了斥候星?它會不會是一塊垃圾?或可能只是解體了的更大型飛行器的外殼?」

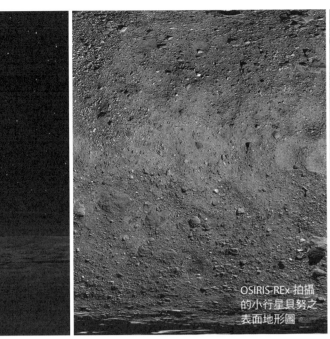

OSIRIS-REx 拍攝的小行星貝努之表面地形圖。

太空人在月球上放置了設備，譬如阿波羅14號留下的這個雷射反射器，但我們應該嘗試在月球表面搜索來自外星的東西。

探險者

羅布深信，在太陽系裡尋找更多像斥候星這樣，甚至更小的天體是值得的。現在他有做這件事的本錢了，一切是因為 NASA 署長比爾‧尼爾森（Bill Nelson）在 2021 年 6 月 3 日的演講中說，許多儀器偵測到的不明空中現象（UAP）都需要科學分析。不明空中現象其實就是不明飛行物（UFO），為了去除汙名而重新命名；美國前總統歐巴馬亦稱不明空中現象是「重要大事」。6 月 5 日，羅布寫 email 給 NASA，提議尼爾森所主張的那種科學計畫，但沒有收到任何回覆。

但在一扇門依然關著時，另一扇門打開了。由於新冠肺炎疫情限制人們外出，正是羅布待在家裡思考的大好機會，他和美國佛羅里達理工學院的前博士後研究員馬納斯維‧林根（Manasvi Lingam）合寫了多篇科學論文、一本關於斥候星的暢銷書《天外》（Extraterrestrial，暫譯）和一本厚厚的教科書《宇宙中的生命：從生物信號到技術特徵》（Life In The Cosmos: From Biosignatures To Technosignatures，暫譯）。他說，「其中一件好事是，很多人來到我家門口。法蘭克‧勞基恩（Frank Laukien）在我送出 email 幾週後出現，他是美國麻薩諸塞州科學設備製造商布魯克公司的執行長。」

勞基恩和其他來訪者總共捐助了 200 萬美元，羅布運用這筆錢，在 7 月 26 日宣布成立伽利略計畫。這項計畫分兩個方面，第一個部分是要確定不明空中現象的性質，羅布預計這將花費一億美元。2022 年春季，哈佛大學天

文台的屋頂上安裝了一組光學和紅外攝影機、無線電和音訊感測器，24 小時監測天空，並透過人工智慧演算法辨識數據。目標是在世界各地安裝許多組儀器，能夠搜索的天際範圍越大越好。羅布稱此為「挖掘資料」，並表示這是在把此主題帶入科學主流，想讓它合乎情理。

其他方面也有進展。2021 年 12 月，美國總統拜登成立了一個隸屬於國防部的專門小組，收集來自政府各部門的資料，要把不明空中現象查個清楚。

伽利略計畫的第二部分有更遠大的雄心，預計耗資 10 億美元以尋找下一個斥候星，還要設計一個機器人任務去攔截它的軌跡，並拍攝特寫照片。羅布承認這會很困難，「如果要偵測離地球最近的恆星發出的智慧無線電訊號，我們不會急著答覆，因為往返通訊時間會有 10 年這麼久。但如果我們發現太陽系裡有什麼東西，就必須迅速採取行動。斥候星在我們有很多時間研究之前就消失不見了。」

甚至登陸第二個斥候星的任務也將不是不可能。NASA 就在 2018 年讓他們的 OSIRIS-REx 太空船在小行星貝努（Bennu）降落並採集樣本，預計於 2023 年返回地球。羅布表示，「如果有外星技術，它代表的可能不僅僅是科學機

嘿，這是你在找的外星人嗎？

巨型結構

正如我們的能源需求不斷增加一樣，先進外星文明的能源需求也將會不斷增加。1960 年，物理學家弗里曼‧戴森（Freeman Dyson）提出，外星人最終會想要利用自己母恆星的全部能量輸出。他認為，他們的做法也許是把本身的小行星帶拆開，再重組成完全包住母恆星的球殼，這不但能提供極大的能量，還會有超大的表面積（在球殼內側）以供居住之用。

稱為戴森球的這個結構可能會不穩定，但一條赤道帶或一大群衛星仍能截獲大量的恆星能量，我們或許可以偵測得到這些以熱輻射或遠紅外線形式發射的星光。此外，繞恆星運行的大量天體可能會遮掩此星發出的光，致使亮度劇烈變動，而且只能透過近距離軌道上的巨型結構來解釋。

工業用化學物質

人類文明把造成汙染的化學物質排入地球大氣層，外星文明可能亦然。這類化學物質不但可能偵測得到，而且還有十分明確的智慧元凶。

觀測系外行星時，當它在我們和它自己的母恆星之間移動，星光會穿越它的大氣層，大氣中的化學物質會吸收特定波長的光，此時就能偵測該行星的大氣中有什麼物質。羅布說，在外星大氣層中很可能找到的工業用化學物質是四氟甲烷（CF_4）和三氯氟甲烷（CCl_3F），它們都是冷媒，是最容易偵測到的氟氯碳化物，「如果 CCl_3F 和 CF_4 的含量是地球目前的 10 倍，用韋伯觀測的話，應該分別花 1.2 和 1.7 天就能偵測到。」

光帆

驅動太空船時會需要乘載大量的燃料，但如果

會，也可能是把新技術引進地球的商機！」

林托特說，「如果伽利略計畫讓人因為可以了解闖入太陽系的星際天體而感到興奮，那就好極了。」他表示，ESA 已經在策劃彗星攔截器（Comet Interceptor）任務，將會飛往像斥候星這樣的天體。「計畫是讓它守在太空中，等待合適的目標，不論等到的是第一次造訪內太陽系的彗星，或是星際天體。」

對太陽系的這一切關注，也許會讓人聯想到在午夜弄丟了車鑰匙，卻在路燈下找鑰匙的醉漢。之所以在路燈下找，並不是在那邊很有可能找到，而是因為那是他唯一能正常查看的地方。儘管如此，羅布還是認為值得把我們的後院徹底搜查一番，因為目前還沒有人這麼做，「套用詩人羅伯特·佛洛斯特（Robert Frost）的詩句，這正是走『少有人走的路』。而且，無論你什麼時候做這件事，都有可能找到容易實現的目標。」

深太空

想要看到太陽系外更難。但羅布認為，尋找技術特徵仍比尋找微生物的生物信號更有可能獲得成果；後者是天文生物學家的主要目標。

把電源留在家裡，就沒這個問題了。1984 年任職於美國休斯飛機公司研究實驗室的羅伯特·佛沃德（Robert Forward）描述了一種把裝備裝在一個反光材料製成的大型超薄帆上，然後由設置在太陽系裡的太陽能動力雷射來推動的光帆。根據他的計算，一噸重的探測器裝上 3.6 公里寬的光帆，可由 65 百萬瓩（GW）的雷射加速到光速的 11%，而且只要 40 年就會飛掠離我們最近的恆星系統半人馬座 α 星（Alpha Centauri）。

近來的突破星擊（Breakthrough Starshot）計畫讓這個構想復活了。該計畫還處於早期階段，但目標是要用 100GW 的雷射陣列，把一公克（！）負載推到光速的 20%，然後飛掠比鄰星與其行星。如果外星人使用類似的雷射推動光帆在星系間飛馳，我們也許能夠在他們開關雷射時看到閃光。

蟲洞運輸系統

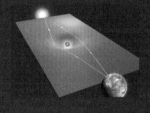

夠先進的文明也許能操控時空，製造蟲洞。愛因斯坦的重力理論允許這些穿越時空的捷徑存在，可讓人在眨眼間穿越一個星系。蟲洞在本質上不穩定，可能需要具備相斥重力的「材料」讓每個洞口開著，所需的能量相當於一個星系中絕大部分恆星所放出的能量。

如果外星人製造了蟲洞網路，或許可以透過微重力透鏡（gravitational microlensing）偵測到。當一個天體從我們和遙遠恆星之間通過，而它的重力短暫地放大了那顆恆星的星光，就可以偵測得到。根據日本名古屋大學阿部文雄教授的說法，若這個天體是蟲洞，恆星亮度的變化模式就會明顯不同，「如果蟲洞的頸部半徑介於 100 到 1,000 萬公里，與銀河系相連，而且和普通恆星一樣常見，也許就可以重新分析過去的數據然後偵測出來。」

藝術家筆下的比鄰星 b。這顆可能適宜居住的行星繞著距離我們最近的恆星運行。

氧氣和甲烷是主要的生物標記，兩者都只有在不斷補足的情況下，才有可能存在於行星大氣中。目前已經知道，在太陽系之外的行星超過 4,000 顆，它們環繞自己的母恆星運行時，有些會從它們的恆星和地球之間經過，所以星光會穿過本身的大氣層。氧氣和甲烷會吸收特定波長的星光，這是它們的「光譜指紋」。羅布說，「然而在地球有生命的最初 20 億年裡，大氣中幾乎沒有氧氣。氧氣和甲烷可能都有非生物的來源。」

羅布認為，一個更好的辦法不是找生物的化學物質，而是應用技術的化學物質，比如像氟氯碳化物（CFC）之類的化合物，「直徑達 6.5 公尺，已發射升空的韋伯太空望遠鏡（JWST）可望在鄰近恆星周圍的行星大氣中偵測到這些化學物質。」

但還有其他跡象，例如外星巨型結構。有一段時間，編號 KIC 8462852 的恆星（Tabby's Star）的亮度看起來像是在劇烈變動，也許是巨大的星光收集器，在繞著它運行之類的結構。但後來證明，這顆恆星的行為是太陽系中的塵埃造成的結果。

羅布說，由巨型雷射推動的光帆（light sail）是看似合理的外星運輸方式，我們也許會偵測到這種光的外溢。另外，如果有外星文明用光電板覆蓋自己的行星來收集星光，可能就會讓行星表面反射光的方式與岩石和海洋不同。幸運的是，離我們最近的恆星半人馬座比鄰星（Proxima Centauri）有一顆行星比鄰星 b，跟它自己的恆星間距離是地日距離的 20 分之一，但因為比鄰星是溫度較低的紅矮星，亮度比太陽暗了 500 倍，所以這顆行星有可

能適合生命居住。就像我們的月球一樣，這顆行星被潮汐力鎖住，導致其中一面永遠處於白天，而另一面永遠是夜晚。羅布說，「外星文明或許能在永夜面生活，但是要用光電板覆蓋永晝面。」地球表面大約有 0.1％由人造光源照亮，但羅布估計，如果比鄰星 b 的永夜面有 10％用類似的照明方式，那麼從地球上就可能透過韋伯而偵測到。

害羞的外星人

羅布同意可能很難找到外星人。舉例來說，他們也許會躲起來，因為宇宙是個危險的地方，如果你用訊號讓人知道自己存在，可能就會被消滅。果真如此，對人類來說可能為時已晚，因為我們的無線電廣播已經送達數不清的鄰近恆星了！

但即使外星人沒有躲起來，他們或許已經打定主意待在自己的家園，生活在類似元宇宙（Metaverse）那樣的網路避風港中。這是克拉克在 1949 年的短篇小說《科馬爾的獅子》（The Lion Of Comarre）所預見的另一種可能性；在這篇小說所描述的未來裡，虛擬世界對許多人來說比現實世界更吸引人。

當然，從演化方面來說領先我們幾百萬甚至幾十億年的外星人，很可能就像克拉克一語道破的，「無法和神奇的魔力區分開來。」羅布說，「夠先進的智慧還有可能接近上帝，或許能從無生命創造出生命，甚至可以操控物理定律，製造新的宇宙。」

尋找先進的外星人造物會有什麼好處？嗯，我們大概會知道，經過像全球暖化這樣的行星劇變後或許有可能存活下來。但願我們能藉此受到啟發，把科學知識的疆界繼續往前推進。

羅布表示，最重要的是，知道外星文明存在，可能會讓地球上人與人之間的差異顯得微不足道，「外星人應該會使我們看到更多讓我們能夠起而團結的事物，而不是分裂。」至於找到外星人造物的機會，萊特承認，「我不知道！」但羅布比較樂觀，「大部分恆星形成的時間比太陽早了幾十億年，基於這個理由，我認為可能性非常大。」

馬可斯・鍾（Marcus Chown）
天文學作家。
譯者｜畢馨云

EARTH 020

BBC專家帶你航向太空
從月球、火星到太陽系外，一覽宇宙探險熱區

作者	《BBC知識》國際中文版
譯者	甘錫安、高英哲、畢馨云等
編輯	洪文樺
總編輯	辜雅穗
總經理	黃淑貞
發行人	何飛鵬
法律顧問	台英國際商務法律事務所　羅明通律師
出版	紅樹林出版
	臺北市中山區民生東路二段141號7樓
	電話：(02) 2500-7008　傳真：(02) 2500-2648
發行	英屬蓋曼群島商家庭傳媒股份有限公司城邦分公司
	聯絡地址：台北市中山區民生東路二段141號B1
	書虫客服專線：(02) 25007718 · (02) 25007719
	24小時傳真專線：(02) 25001990 · (02) 25001991
	服務時間：週一至週五 09:30-12:00 · 13:30-17:00
	郵撥帳號：19863813　戶名：書虫股份有限公司
	讀者服務信箱 email：service@readingclub.com.tw
	城邦讀書花園：www.cite.com.tw
香港發行所	城邦（香港）出版集團有限公司
	地址：香港灣仔駱克道193號東超商業中心1樓
	email：hkcite@biznetvigator.com
	電話：(852) 25086231　傳真：(852) 25789337
馬新發行所	城邦（馬新）出版集團 Cité(M)Sdn. Bhd.
	41, Jalan Radin Anum, Bandar Baru Sri Petaling,
	57000 Kuala Lumpur, Malaysia.
	電話：(603) 90578822　傳真：(603) 90576622
	email：cite@cite.com.my
封面設計	葉若蒂
內頁排版	葉若蒂
印刷	卡樂彩色製版印刷有限公司
經銷商	聯合發行股份有限公司
	客服專線：(02)29178022　傳真：(02) 29158614

2022年（民111）6月初版
Printed in Taiwan
定價500元
著作權所有 · 翻印必究
ISBN 978-986-06810-9-3

BBC Worldwide UK Publishing
Director of Editorial Governance　Nicholas Brett
Publishing Director　Chris Kerwin
Publishing Coordinator　Eva Abramik
UK.Publishing@bbc.com
www.bbcworldwide.com/uk--anz/ukpublishing.aspx

Immediate Media Co Ltd
Chairman　Stephen Alexander
Deputy Chairman　Peter Phippen
CEO　Tom Bureau
Director of International
Licensing and Syndication　Tim Hudson
International Partners Manager　Anna Brown

UK TEAM
Editor　Paul McGuiness
Art Editor　Sheu-Kuie Ho
Picture Editor　Sarah Kennett
Publishing Director　Andrew Davies
Managing Director　Andy Marshall

BBC Knowledge magazine is published by Cite
Publishing Ltd., under licence from BBC Worldwide
Limited, 101 Wood Lane, London W12 7FA.
The Knowledge logo and the BBC Blocks are the
trade marks of the British Broadcasting Corporation.
Used under licence. (C) Immediate Media Company
Limited. All rights reserved. Reproduction in whole or
part prohibited without permission.

國家圖書館出版品預行編目(CIP)資料

BBC專家帶你航向太空：從月球、火星到太陽系外，一覽宇宙探險熱區
《BBC知識》國際中文版作；甘錫安, 高英哲, 畢馨云等譯. -- 初版. -- 臺北
市：紅樹林出版：英屬蓋曼群島商家庭傳媒股份有限公司城邦分公司發
行, 民111.06　160面；21X26公分. -- (Earth ; 20)
譯自：BBC Knowledge Magazine
ISBN 978-986-06810-9-3(平裝)
1.CST: 宇宙 2.CST: 天文學
323.9　　　　　　　　　　　　　　　　　　　　111005980